U0221618

彼岸·艺术文化

族魂衣兮

西南少数民族服饰文化调查

AN EXPLORATION OF THE COSTUME CULTURES OF
ETHNIC MINORITIES IN SOUTHWEST CHINA

夏 帆 著

Zhejiang University Press
浙江大学出版社
·杭州·

图书在版编目（CIP）数据

族魂衣兮：西南少数民族服饰文化调查 / 夏帆著
. -- 杭州：浙江大学出版社，2024.11
　　ISBN 978-7-308-21930-3

　　Ⅰ．①族… Ⅱ．①夏… Ⅲ．①少数民族－民族服饰－
服饰文化－调查研究－西南地区 Ⅳ．①TS941.742.8

中国国家版本馆CIP数据核字(2023)第047064号

族魂衣兮——西南少数民族服饰文化调查
夏　帆　著

策　　　划	包灵灵
责任编辑	包灵灵
责任校对	陆雅娟　方艺潼
封面设计	林智广告
出版发行	浙江大学出版社
	（杭州市天目山路148号　邮政编码310007）
	（网址：http://www.zjupress.com）
排　　　版	杭州林智广告有限公司
印　　　刷	杭州捷派印务有限公司
开　　　本	710mm×1000mm　1/16
印　　　张	15.25
字　　　数	260千
版 印 次	2024年11月第1版　2024年11月第1次印刷
书　　　号	ISBN 978-7-308-21930-3
定　　　价	88.00元

版权所有　侵权必究　　印装差错　负责调换

浙江大学出版社市场运营中心联系方式：0571-88925591；http://zjdxcbs.tmall.com

序

　　我不是研究服饰的专家，只是因从事民族学研究，平时在田野调查中也会关注衣食住行的民俗及其变迁。夏帆教授请我为他的《族魂衣兮——西南少数民族服饰文化调查》写个序，勉力为之，不必视之为序言，不过是读后的一点体会而已。

　　衣食住行，是每个民族习俗中重要的构成部分。服饰，是一个民族文化的重要组成部分。这是一本研究服饰的学者深入西南地区十多个民族及其支系的田野调查记，全书图文并茂，有很多服饰民族的记录，大量实地拍摄的照片，是珍贵的服饰民族志资料。

　　每一个民族的服饰，是该民族历史文化乃至信仰、美学观等的重要组成部分，是一个民族个性特征的重要象征，是人的文化创造的一种历史标记，也是人的历史的文化象征。服饰也是一个民族物质和非物质文化融会而成的重要文化遗产。中国56个民族绚丽多彩的服饰，凝聚着各个民族丰富深厚的创造力和多姿多彩的审美观，反映了各个民族追求美好与和谐的人生理想，它形成了洋洋大观的中华民族服饰文化习俗。

　　当下，随着社会环境的改变，以及生活方式和人们审美观的变迁，每个民族的服饰习俗都在发生着变化，而这种变化在不同的民族中，既有相似之处，亦存在个性差异。随着国家对非物质文化遗产的重视，随着旅游与民俗的互动，各民族都有传统服饰习俗的复苏与回归，有些服饰随着时代而发生变迁。当下最值得鼓励和提倡的，就是多进行实地考察，在田野中多观察和记录，收集第一手资料，然后进行深入研究。本书从这一点上而言，是难能可贵的。

　　各民族服饰文化的传承与保护，无疑要从一个个具体的民族或族群来研究和实践，仅靠一些"宏观叙事"式的呼吁是不行的。我觉得，这几年来，经过学术文化界很多有识之士的不断呼吁，我国政府和民众的保护意识有长足提高，但现在关键的问题还是相对缺少更为实证微观的研究和基于具体民族、具体地点的个案保护传承实践。如果我们能做更多类似的个案调研，那保护和传承各民族服饰文化的工作，将会更为扎实地落到实处，结出更多看得见、摸得着的成果。

本书作者借鉴民族学的田野调查方式进行了认真的调研和记录，更为可贵的是，作者从服饰设计师的眼光和视角来观察和审视所去这些地方的各民族服饰习俗。据夏帆介绍，调研组对滇黔少数民族服饰以视觉和体感为主进行采风调查，至今已完成对西南地区十几个少数民族及其支系的调查与访谈，拍摄照片2万余张，视频录音1000多分钟，用照片、影像等手段记录少数民族盛装、常服等服装的款式、材料、色彩、配饰、生产工具和生产技艺现状，为进一步探寻服饰承载的人、事、物等历史文化、生存环境、生活方式、生产方式以及宗教信仰等内涵提供了翔实的资料和素材。

作者在调查采样的过程中，有意识地对同一民族源于文化之根的服饰文化传承现象进行系统的考察，如对苗族服装采取了以苗族历史迁徙路径为线索，分别对贵州雷公山巴拉河地区苗族（第二篇）、湘西苗族（第十篇）、云南文山苗族（第十二篇）等展开调查的方式，力求从全局、客观、系统的角度对服装及其生产方式、生产技艺变迁进行考察记录。

作者对调查地区各民族的服饰与本族信仰的关系也进行了一些深度的探讨，比如写到郎德苗寨太阳崇拜与服饰的关系，使我想起纳西族妇女服饰中太阳、月亮和七星圆盘所蕴含的意义。

多民族的文化交流与交融如何体现在各民族的服饰上，是个很有意义的话题。我曾在一些讲座中讲到特定区域中白族和纳西族、藏族和纳西族服饰文化的相互影响和融合。本书作者也从服饰中看到了各民族文化的相互交流与交融，比如写到苗族绣娘在本族传统刺绣针法的继承上，也借鉴了苏绣的针法，丰富了自己的作品，并获得了国际大赛金奖。苗族服饰的图案除了本族常用的动物花草等图案，也借用了《西游记》等汉文化元素（侗族、畲族等民族都曾有借用汉戏曲人物故事穿上本民族装束表演的习俗），反映出了各族人民相互借鉴、汲取、共享中华民族文化财富的真实愿望。

从书中的不少案例中，我们也看到了从社会性别的角度看两性服饰文化传承和变迁的重要性。可以看到，受主体民族的服饰民俗影响最大的首先是男子，各地男子穿汉族服装或受周边人口较多民族服饰文化影响的比较多，而本族的服饰文化传承和创新常常更多地体现在各民族的女性身上。

如何在传承的继承上创新，这也是当下的服饰文化中值得认真探研的方面。我也曾提出过，当下各民族服饰的再创新者也很多，服饰的各种样式也层出不穷，如何才能做到既有传统服饰文化的精髓和不可或缺的重要元素，同时又能受到消费者的青睐，这是个难题。这不仅取决于服饰设计者对本民族传统文化的了解程度，也取决于服饰设计者的审美情趣和创意水平的高低。

我们从这本书中，看到了当下的服饰文化传承人在继承传统的基础上进行大胆创新的尝试和一些成果。比如其中说到有的苗族绣娘坚持把苗绣的传承与创新融合发展，作者采访的刘英在根据苗族传说进行创作时，便是既用了本民族传统的各种动物花草图案，也用了孙悟空等家喻户晓的形象，独创出广受国内外消费者喜爱的作品。还有一些民族服饰文化传承者，设计出了时尚感很强，深受国外客户喜欢的服饰产品，成为近年来出口的热门商品。这些调查的结果都为各民族的服饰文化今后的创新发展提供了可以参考和借鉴的绝佳示例。

本书作者不仅对各民族丰富多彩的服装现象进行了记录，同时也很重视对穿戴具体服装的人赖以生存的环境和人文活动（比如歌舞和祭祀）进行深度的考察记录，如对元阳哈尼族（第五篇）的服饰装束，与其"四位一体"的特殊地理生态所形成的世界文化遗产"梯田"现象之关系进行了考察和思考；对黔东南州黎平县侗族（第三篇）服饰与世界文化遗产"侗族大歌"的表演的相互关系进行了考察；对南涧彝族（第十三篇）服饰发展与"南涧跳菜"表演相辅相成从而形成该地区彝族服饰的独有特色也进行了思考。

我在这本书中还高兴地读到，作者在调研中也介绍了一些各民族的服饰文化借助国际之力走向市场，裨益于民的案例。比如其中提到，联合国开发计划署联合中国宋庆龄基金会、凯里市文化产业办公室在贵州黔东南苗寨推出"指尖上的幸福"项目，通过开展苗绣技艺培训，帮助当地少数民族女性增加收入，改善生计。我在 2004 年也曾引进和主持德国米苏尔社会发展基金会资助的"少数民族妇女传统手工艺技术培训"扶贫项目，在丽江城郊的白华社区建立了民族手工艺培训中心，先后培训了 18 名纳西族、傈僳族、白族、藏族和摩梭妇女。该项目获得了非常好的社会效果，其主要体现在有效地扶助了贫苦山区少数民族学生学习社区所需的专业；通过培训，使各民族传统的手工艺文化得以传承，并已在一定程度上初步地获得了经济效益，起到了文化扶贫的作用。看来，借助国内国际相关组织的力量推进各民族服饰文化的推广并使之裨益于民，是一条可以开拓的道路。

　　我还感到，这本书的另一特色是有很多如何穿衣与戴装饰物等方面比较细腻的观察与描写，显示出了作者作为服饰设计专家的专业特色。

　　本书调研组在三年疫情期间，克服种种困难，初步对滇黔地区一些少数民族服饰现状进行了面对面、点对点、人对人的实地调查，收集了大量的一手资料，对该地区当代民族服饰的面貌、日常生活中的服饰民俗和服饰文化进行了较全面的客观记录。这些资料既可为广大从事民族服饰教学、设计开发者提供素材和灵感，也为民族学者进一步通过当下服饰文化的现状和变迁去深度解读西南民族服饰文化的意蕴和变迁，以及今后在传统的基础上进行创新，提供了难得的资料和个案。

杨福泉①

2023 年 4 月 1 日记于丽江

---

① 杨福泉，纳西族、中国民族学学会副会长、云南省社会科学院二级研究员、云南大学民族学博士导师，享受国务院政府特殊津贴专家。

自序

　　"西南黑水之间，有都广之野，后稷葬焉。爰有膏菽、膏稻、膏黍、膏稷，百谷自生，冬夏播琴。"（《山海经·海内经》）此地有世外桃源之相，人间伊甸之品。何处？西南滇黔之境。"哀牢人皆穿鼻儋耳，耳皆下肩三寸，庶人则至肩而已。土地沃美，宜五谷、蚕桑。知染采文绣，罽氍（［jì duō］，毛毡）帛叠，兰干细布，织成文章如绫锦。有梧桐木华（木棉花布），绩以为布，幅广五尺，洁白不受垢污。先以覆亡人，然后服之。"（《后汉书·西南夷传·哀牢》）（哀牢国可能位于今天的云南省西南部）由此而知，先秦之时，滇西南先民，其型，异于中原；其俗，左于中土；其食，倚百谷自生；其衣，蚕桑染绣、木棉绩布；其行，先敬神灵而后服务于世人。

　　早在秦汉以前，中原还未出现棉织品时，滇西地区的傣族等先民，就已采摘木棉花絮、火草叶、葛藤、苎麻等天然纤维进行原始织布制衣。滇产纺织物品不仅传入中原内地，还通过贸易传入骠国（今缅甸）、身毒国（今印度）等地，成为西南古丝绸之路重要贸易内容之一。

　　滇黔地区在不同时期创造了不同的辉煌。先秦时期主要有古越、古濮、羌、夷等外来迁徙文化入滇，而春秋战国时期大量外地先进民族涌入云南，最著名的是庄蹻入滇，他在此处建立了古滇王国，这也是滇文化的快速发展期。这一时期出现了以石寨山文化为代表的青铜器文化高峰，如李家山出土的西汉青铜贮贝器，其盖上栩栩如生的图案生动再现了当时的纺织场景。图案中的生产方式至今还存在于摩梭等西南少数民族及支系中。

　　黔文化渊源于黎、夷文化，同时吸收了夜郎文化和滇文化。从发育的自然母体方面看，黔文化具有鲜明的西部高原文化特色和西南森林文化特征。在经历了数千年的转辗迁徙后，黔文化与各地文化进行了交融，最终形成了自己独有的文化特征。

滇黔地区虽然远离中土，与之相隔千山万水，长期被视为化外之地，然各朝各代都有中原人士因各种原因入滇进黔，尤其是明朝屯兵戍边政策，带去了不少中原文化和习俗。因地理环境与自然条件限制，中原文化逐渐融入本土文化。尽管如此，外来的比较进步的部族或民族，还是给这个封闭、落后的地区带来了较进步的生产技术和文明之风。^① 有些在汉文化地区已经失传的习俗，至今在滇黔的少数民族中依然存续，滇黔文化成为中华民族传统文化拾遗补阙的重要来源之一和人类文明发展活态链中的重要一环。

工业革命以来，尤其是进入以几何级增长的数字经济时代，人类在"科技"和"智能工具"驱使下，不断触碰"自然规律"底线。各种工业合成物替代了自然物种，快速迭变的工业化产品，"与日俱快"的生活节奏，进一步改变了人与自然的关系。环境挤压使自然资源修复出现了严重障碍，生态失衡引发能源危机。在物质文明高度发达的同时，人类内心的不安和焦虑却超过任何一个时代。反观西南民族地区，却因远离现代城郭之工业文明，意外留住了都市人心中的乡愁，成为一个尚可回归自然、寄寓灵魂的净地。

西南地区是中国少数民族资源最丰富的地区。直到新中国成立前，该地区尚存在"原始公社制、奴隶制、封建领主制、封建地主制等不同的社会发展阶段"^②。新中国成立以来，特别是改革开放后，西南民族地区各项社会事业飞速发展。2021年，中国打赢脱贫攻坚战，全面建成小康社会。西南民族地区彻底摘掉了千百年来"绝对贫困"的帽子，进入全新的乡村振兴发展期。在告别了千百年来的物质贫困之后，如何汇入现代化洪流，同时处理好经济发展与生态环境、民族文化与全球化发展的矛盾，这是当代及未来人类发展中的重大课题，也是西

---

① 杨东晨：《先秦时期云南地区的民族和文化考察》，《昆明师范高等专科学校学报》2000年第22卷第2期，第21页。
② 周波：《云南民族地区的社会变迁及政策完善》，《中共云南省委党校学报》2009年第10卷第6期，第154—157页。

南民族地区目前的重大课题。

　　事实上，从党的十八大开始，中国就把生态文明建设列入全面建成小康社会、实现社会主义现代化和中华民族伟大复兴的"五位一体"总体布局中。[①]"十四五"规划将包括民族地区在内的生态环境保护提到了前所未有的高度，提出了"完善生态安全屏障体系""构建自然保护地体系""健全生态保护补偿机制""实施生态系统保护和修复重大工程"[②]等一系列要点。党的二十大报告中再次明确"五位一体"总体布局，并把"促进人与自然和谐共生"作为中国式现代化的本质要求之一。[③]这些政策与措施对于西南民族地区的自然生态环境和独特历史文化保护具有重大作用。

　　面对百年未有之大变局，笔者带着研究生团队，在2020—2022年三年时间里，以《基于晚清至民国西方人在西南地区调查资料的民族服饰文化研究》项目中出现的少数民族服饰为基本线索，走村进寨，展开以西南民族地区服饰文化为主的田野调查。截至2022年12月，本课题组已完成对苗族[④]、侗族、傣族、哈尼族、水族、基诺族、白族、傈僳族、纳西族、摩梭人、布依族、僜（革）家人[⑤]、彝族等十几个少数民族及支系的调查与访谈，拍摄照片2万余张，录制视频1000多分钟，发表相关论文10余篇；并在浙江理工大学丝绸博物馆、杭州中国丝绸城、丽江市博物院等地举办"西南少数民族服饰采风展"和相关学术活动。

　　本书以图文结合的形式，以调查时间为序，对三年来本课题组在西南民族地区的调查资料进行梳理和总结（如无特别说明，本书中的图片皆为调研者拍摄或

---

① 《统筹推进新时代"五位一体"总体布局——六论学习贯彻党的十九大精神》，《光明日报》2017年11月3日03版，https://epaper.gmw.cn/gmrb/html/2017-11/03/nw.D110000gmrb_20171103_6-03.htm，访问日期：2022年11月1日。

② 《（两会受权发布）中华人民共和国国民经济和社会发展第十四个五年规划和2035年远景目标纲要》，新华网，http://www.xinhuanet.com/2021-03/13/c_1127205564.htm，访问日期：2022年11月1日。

③ 《习近平：高举中国特色社会主义伟大旗帜　为全面建设社会主义现代化国家而团结奋斗——在中国共产党第二十次全国代表大会上的报告》，中国政府网，http://www.gov.cn/xinwen/2022-10/25/content_5721685.htm，访问日期：2022年11月1日。

④ 苗族调查地为湘西，近贵州。故本书亦将其纳入研究范围。

⑤ 《公安部关于对贵州省革家人和穿青人居民身份证民族项目内容填写问题的批复》（公治〔2003〕118号2003年8月28日）。

提供，拍摄时间皆为调查时间），旨在对当代西南少数民族服饰文化实际状态有一个较客观、理性的认知并加以呈现，同时为与"基于晚清至民国西方人在西南地区调查资料的民族服饰文化研究"课题中出现的民族服饰展开深度比较研究打好基础。

是为序。

夏　帆
2023 年 11 月

目 录

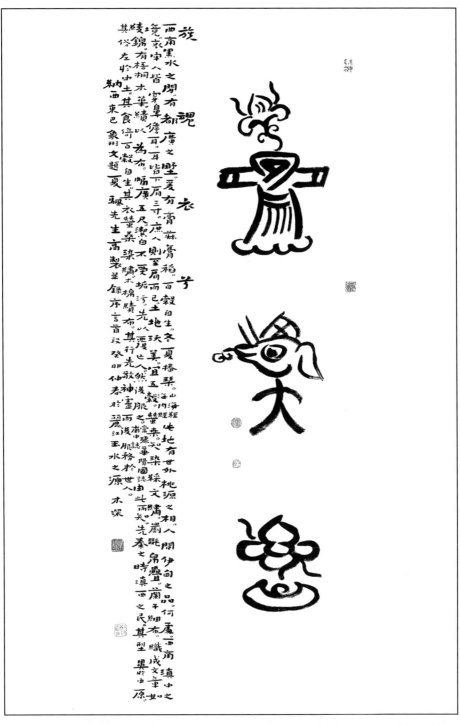

族魂衣兮

西南黑水之間，有都廣之野，爰有膏菽膏稻，百穀自生，冬夏播琴。山海經其境，永寧人皆穿鼻儋耳，皆長三尺，庶人則至肩而已。土地沃美，宜五穀，先以蘗，以爲布。幅廣五尺，潔白不受垢污。海內經其衣，倚樹積桑，蠶桑綿絹布，其行先敬神靈，而後服務於世人。華陽國志滇西之民，其型異於中原，然浚服之常。華陽國志由此二矢，先秦之時滇西之民，其型異於中原，其衣蠶桑綿棉絹布。人間伊阆之品，何屬西南滇小之境，桃源之相。列繡繢帛疊蘭幹細布，織成文章如綾錦。有梓桐木華，績以爲布，其俗左袵中土。納西東巴象形文題夏騶先生高製並鑄序言首致癸卯仲春於麗江玉水之源木深

东巴文书法说明：第一组（字），衣服和鲜花（表示美丽）组合，意为：华服。第二组（字），意为民族。第三组（字），意为灵魂。整句可译为：华服者族魂所依。

作者：木琛，纳西族，丽江市博物院副研究馆员，副院长。丽江市市管专家、享受省政府津贴专家、丽江市东巴文化传承协会秘书长。主要从事博物馆展览策划及东巴文化、书法研究。

一 黔东南凯里小高山及刘英工作室

书上得来终究浅，寻根还需入深山。

不怕山高路崎远，只怕有眼难辨渊。

世居西南族三十，散落大山云贵川。

抽丝剥茧寻文脉，肝胆相照化衣缘。

庚子癸未戊寅 2020 年 8 月 3 日，宜出行，阴贵人 - 西南

　　动车直奔黔东南凯里（图 1.1），凯里学院的曾慧祥老师（苗族）是我做贵州畲族研究时结交的好友，凯里学院也是我这次西南行的第一站。因疫情被封冻了 8 个月的西南民族服饰文化调研计划终于启动了。

　　该计划缘起于杨梅博士的论文《晚清至民国西方人在中国西南边疆调研资料的编译与研究》，该文中有这样一段文字描写："……中国的西南边疆因与英法殖民地缅甸、越南相邻，在晚清至民国期间日益受到西方人的关注，为了打通从云南到扬子江的通道，掠夺更多的中国资源，来此调研的各类人员络绎不绝，留下了大量的考察报告、游记、研究著述等资料。"[1] 其中有不少涉及民族民风、民族服饰文化方面的原始信息。

　　事实上，康乾以来，大部分少数民族服饰形制日臻完善，成为中华民族多元一体文化的重要组成部分。但鸦片战争之后，清朝衰势已定，无暇顾及边缘民情，晚清至民国时期少数民族文史研究出现断层。而西方人在中国西南边疆地区的调查资料，客观上为后世研究这个时期这一地区的文化历史提供了宝贵的资料。以此为线索，浙江理工大学民族与民艺时尚设计工作室团队开始了这场西南

图 1.1 凯里天光

① 杨梅：《晚清至民国西方人在中国西南边疆调研资料的编译与研究》，载《清史译丛》第 10 辑，齐鲁书社，2010 年，第 291 页。

民族文化探源之旅。

以往入滇黔均为游山玩水，休闲度假。而今完全不同，因为西方人的调查资料不是民族文化专著，要想用好这些资料，就必须把这些资料放回到实地民风民情语境下进行对照查考。

西南地区是中国少数民族最大的聚集地，有 30 多个少数民族散居在近 60 万平方公里的高原、山地、平坝，每个民族又有众多的支系分布在不同地区。面对如此众多的调查对象，团队一时不知从何开始，幸亏有凯里学院曾慧祥老师做向导。

2020 年 8 月 3 日，凯里学院严昉、贺华洲二位老师同行，乘坐了 6 个小时的高铁，我们来到了群山之中的黔东南苗族侗族自治州（简称"黔东南自治州"）首府凯里。热情的曾老师在车站出口等着我们。她是我们打开西南民族文化大门的第一把钥匙。

凯里市，简称"凯"。是黔东南自治州的地级行政区首府，位于中国贵州省东部，是贵州省的中心城市之一。"凯里"系苗语音译，意为"木佬人的田"。凯里市居住有苗族、汉族、侗族、水族、布依族、彝族、土族、回族、景颇族、壮族、僮家、东家、西家、木佬等。其中，世居的民族有苗族、汉族、革家、东家、西家、木佬等。

凯里市地处云贵高原向中部丘陵过渡地段的苗岭山麓，清水江畔；东接台江、雷山两县，南抵麻江、丹寨两县，西邻福泉市，北接黄平县。地势西南高、东北低，属中亚热带温和湿润气候区。

凯里市春秋时期属牂牁（牂柯），汉朝属且兰，隋、唐属宾化县，明、清时期分别置清平堡、司、卫、县及凯里司、卫、县。1914 年改称炉山县。1959 年，炉山县、麻江县、雷山县、丹寨县合并为凯里县。1983 年国务院批准设立凯里市。截至 2021 年底，辖区面积 1569.69 平方公里[1]，少数民族占户籍人口的 82.2%，是一个以苗族、侗族为主，多民族聚居的新兴城市，被誉为"苗侗明珠"。[2]

下午 5 点，曾老师驾车带我们上凯里小高山看日落，吃苗家饭。小高山位于凯里市南面金泉湖水库的后侧，海拔约 1000 米。经过约 25 分钟的盘山小道，我们来到了小高山观景台，一个在电视发射台旁自发形成的观景场地（图 1.2）。傍晚落日余晖中，可见云海奇观，可俯瞰整个凯里城，可远眺苗族英雄张秀眉起义军故地……云蒸霞蔚，壮观无比（图 1.3），仿佛看见 1000 多年前苗人第四次大

---

① 本书中引用数据小数点后保留位数遵照原始出处，本书不作统一。

② 《走进凯里》，凯里市人民政府网，http://www.kaili.gov.cn，访问日期：2022 年 11 月 1 日。

图 1.2 凯里小高山的美景

图 1.3 俯瞰凯里，远眺张秀眉起义军故地台拱

规模迁徙进入贵州雷公山的壮举。在山腰处有一苗寨，曾老师在上山途中已与苗家预约了晚饭。停车进屋，我们入黔后第一次见到了生活中的苗族妇女（图 1.4），她抱着小孩，穿着斜襟上衣、长裤，一双解放鞋，头饰一眼就能看出是苗族妇女，虽然包着头巾，仍可以看出盘着高发髻，只是没有如一般的高发髻一样插花。这种穿戴后来也同样出现在乌东村苗寨里。

第一天的晚餐，我们尝到了地道的苗家菜。简朴而洁净的农家餐厅，窗外一片山景，如同回到家乡一般，特别温馨舒坦。第二天晚上曾老师又带我们去凯里盘古寨广场苗家美食店体验了苗家盛装的祝酒礼（图 1.5），我们还与苗族芦笙手学习并体验了吹芦笙的感觉（图 1.6）。

第二天，在曾老师的引荐下，我们走访了黔东南自治州第一批"名绣娘"之一刘英女士的工作室。

刘英，苗族，贵州凯里人，凯里市第七批非物质文化遗产项目传统手工刺绣市级代表性传承人，曾先后获得国际工艺美术大师、贵州工艺美术大师、贵州省高级工艺大师、百佳绣娘、苗绣达人、农民企业家等荣誉和称号，现任贵州古苗疆刺绣工贸有限公司（图 1.7）董事长。

2003 年，刘英在北京市朝阳区十里河成立了自己的工作室——贵州古苗疆刺绣工贸有限公司，独立创作、创新设计苗族刺绣服装服饰和家居用品等系列手工艺品。从苗寨到北京，公司的固定绣娘由最初的 5 名发展到 30 名，领料加工的农户达 2000 多户。10 多年来，公司生产的苗绣手工艺品畅销全国，远销欧美、东南亚等地，收藏古苗绣 2600 余件，年产量 2 万件以上，年销售额达 2000 万元以上。刘英以"公司＋基地＋农户"的模式，带领 3000 多名绣娘通过刺绣手工艺就业，实现每户增收 10000 元以上，为民族地区农村妇女脱贫致富拓宽了渠道，有效解决了许多农村留守妇女再就业的问题，帮助她们实现了再增收，同时弘扬和传承了民族传统文化，为脱贫攻坚做出了积极贡献。2015 年至今，刘英多次组织绣娘及其他农村妇女进行刺绣技艺培训（图 1.8、图 1.9），逐步提升她们对传统刺绣与现代旅游产品的融合创新意识。截至 2022 年，已累计培训 1500 余人。

图 1.4	图 1.5
图 1.6	图 1.7
	图 1.8

图 1.4 生活中的苗族妇女
图 1.5 盘高发髻穿苗族盛装的祝酒礼
图 1.6 吹奏苗族芦笙
图 1.7 刘英的贵州古苗疆刺绣工贸有限公司
图 1.8 苗族妇女刺绣培训（刘英公司提供）

　　刘英热情接待了我们，并向我们介绍了公司现状、她的获奖作品以及她收藏的各种民族传统服装。虽然公司也受到了新冠疫情影响，但她没有停下脚步，一边调整产品方向，一边坚持做好绣娘培训工作。2022 年 4 月 18 日，她还自费到镇远县报京乡报京村帮扶培训 50 名建档立卡贫困户绣娘，培训结束后现场回收绣娘产品约 1 万元；在施秉县妇联、县扶贫办的邀请下，4 月 21 日至 27 日，她又邀请凯里学院教授及苗绣传承人到施秉县马号镇金钟村举办为期 7 天，共 50 人参与的"雨露计划·锦绣女"帮扶培训活动。

　　在产品方面，刘英坚持苗族刺绣传承与创新的融合发展，她指着一套陈列在人台上的绣衣（图 1.10）说："这件绣花是我根据苗族传说中的故事进行创作的作品，没有草稿，完全是即兴创作，里面有苗绣中常用的动物花草，还有孙悟空等人物形象，用苗绣传统刺绣针法工艺完成，并获得了国际大赛金奖。有人想重金收购，我没舍得。"她又指着身上穿着的服装说："这个很时尚吧，这是在丝绒面料上进行的刺绣，我们借用了苏绣的针法，在苗族纹样上进行刺绣，细腻而有绘画性效果，且时尚感很强，很受国外客户喜欢，是近年来主要的出口产品。"

　　在展厅里我们既看见了原汁原味的苗族传统刺绣服饰，也看到了刘英结合传统创作的现代苗族刺绣服饰，还见到了与时尚相结合，融多种族外针法于一体的当代时尚刺绣服饰（图 1.11）。在刘英工作坊，我们能够看到当代苗族服装传统与现代、民族文化与时尚融合发展的新气象。

图 1.9 工坊里工作中的苗家绣娘　　图 1.10 刘英在介绍她的获奖作品　　图 1.11 融多种族外针法于一体的当代时尚刺绣服饰

二 巴拉河畔的苗寨

巴拉河是凯里苗族的母亲河，其源头为国家级自然保护区和国家级森林公园雷公山。在从凯里市境经巴拉河而至雷山县境的这段巴拉河峡谷，有 10 多公里长。沿岸的苗族村寨，均保留着古色古香的民族风情文化遗产。

本次调研的四个苗寨，都与巴拉河有关（图 2.1）。巴拉河流经凯里境内的三棵树镇后流向东北方向，经台江后流入清水江，最后汇入长江支流沅江，成为长江水系之一。

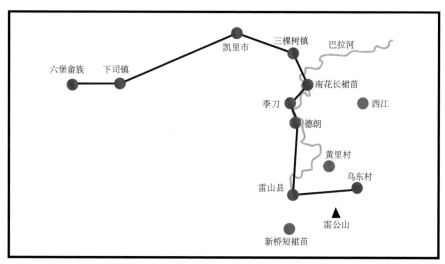

注 1：巴拉河，巴拉河发源于雷公山高岩、交腊、大塘，由雷山县自南向北流入凯里市，过凯里市境 24 公里，之后折东进入台江县，多年平均流量 4.26 米³/秒，天然落差 121 米，属于中等河流。巴拉河流域自古以来即为苗族聚居区域，这里的苗族，明、清时期称为九股苗，因此官方按其居住的民族情况，将巴拉河称为九股河，后更名为巴拉河。[①] 注 2：雷公山，位于贵州省黔东南自治州中部，地跨雷山、台江、剑河、榕江四县，是长江水系与珠江水系的分水岭。最高海拔 2178.8 米，最低海拔 650 米。[②]

图 2.1 凯里调研路径（笔者绘制）

---

① 《巴拉河及其村寨地名的由来》，锦绣黔东南，https://www.jxqdn.net/article-524-1.html，访问日期：2023年 2 月 5 日。
② 《贵州雷公山国家级自然保护区》，贵州省林业局网站，http://lyj.guizhou.gov.cn/gzlq/zygk/zrbhd_5129841/201612/t201612268581858.html，访问日期：2023 年 2 月 5 日。

1. 南花苗寨

第三天，曾慧祥老师亲自驾车陪我们去巴拉河沿岸的苗族村寨。我们一路上走访了南花、季刀、郎德及雷山、乌东等苗族村寨。这一带最大的苗族聚集区，居住着超过二分之一的苗族人，被誉为"中国苗族的大本营"。据史料记载，苗族经历了历史上五次大迁徙后才形成今天的格局：第一次，与炎黄部落争夺黄河流域时战败，首领蚩尤被杀，苗族先民徙居洞庭湖、鄱阳湖一带，号为"三苗"；"三苗"经营多年，却又在随后与大禹的战争中落败，只得第二次迁徙至洞庭湖、鄱阳湖以南，号为"南蛮""荆楚"；春秋战国时期，秦王吞并荆楚之地，苗族人迎来第三次迁徙，进入当时人烟稀少的武陵山区，时人谓之"武陵蛮"（湘西保靖吕洞山，至今仍是武陵山区的苗族聚居地，是当地苗族心中的神山）；自汉至宋，由于封建统治者的征伐，苗族人向西第四次迁徙，进入贵州的深山之中，他们见苗岭主峰雷公山周围瀑泅岩险，遂大批定居于此；元代以来，部分苗族人因战乱，又进行了第五次迁徙，近者迁入黔西北、黔西南，远者迁徙到四川、云南与海南，乃至海外。[①] 我们此次走访的正是苗族人向西第四次迁徙入黔后最大的聚集地区——雷山地区。

我们首先来到位于贵州省凯里市三棵树镇东南部的南花苗寨，此寨地处美丽的巴拉河畔。南花苗寨，苗语发音"Nangl hjib"，顾名思义，"南"是苗语"河的下游"的意思，"花"就是"欧花河"，"南花"就是居住在欧花河下游的苗寨。寨里聚居了以潘姓为主的苗民，他们由苗族祖先于明成化年间顺清水江迁徙而来，已经有500多年的民族历史了。苗寨里的路面都是用块石和鹅卵石铺就的，路边是一块块青石垒成的花墙，不用水泥灰浆，全靠石块咬合，巧夺天工而岿然不动。寨脚是沙滩，也是苗族度假村，依水而建，傍水而居，绿树掩映，鸟语水声扑面而来。山上，错落有致的木制吊脚楼鳞次栉比，掩映在半山腰的绿树丛中（图2.2）。

南花苗寨为巴拉河乡村旅游八个村寨之一，以秀丽的自然风光、浓郁的民族风情而闻名中外。全村耕地面积30万平方米，林地面积100多万平方米，森林覆盖率83.2%，民居均为木质吊脚楼。[②] 南花村可以分为上寨和下寨，一个处于山脚下，一个则在山坡上。苗寨前的巴拉河上有座美丽的风雨桥，这座风雨桥长约100米，有三个桥亭，都呈高高耸立的牛角形（图2.3）。在浙闽粤等沿海地区，

---

① 石朝江：《苗族历史上的五次迁徙波》，《贵州民族研究》1995年第1期（总第61期），第120—128页。
② 《巴拉河上的一颗明珠——南花苗寨》，凯里市人民政府网，http://www.kaili.gov.cn/wsfw/bmlqfw/xxly/lyjq/202202/t20220223_72658575.html，访问日期：2023年2月2日。

图 2.2　远眺南花苗寨

图 2.3　南花苗寨风雨桥顶
牛角装饰

建筑的顶梁上大多装饰的是兽头鱼身的吻兽，一来可以防止房屋雨水渗漏，二来可以带给人们驱邪避灾、消灾灭祸的心理慰藉。同时，"童子乘鲤鱼"的鱼龙吻屋脊装饰蕴含了人们对金榜题名的祈愿。而在黔东南苗族地区，从姑娘的头饰到建筑物上的装饰，最普遍的装饰图案就是牛角（图 2.4、图 2.5）。[梁]任昉《述

图 2.4　南花苗家姑娘头饰　　图 2.5　南花廊亭牛头鱼梁装饰

异记》云："秦汉间说，蚩尤氏，耳鬓如剑戟，头有角，与轩辕斗，以角觚人，人不能向。今冀州有乐名蚩尤戏，其民三三两两，头戴牛角而相抵。"此外，在苗族人民心中，牛还是天外神物，为造福人类才降至人间助人耕田犁地（图 2.6）。

在日常生活中，南花苗寨苗族居民的服装基本与汉族无异，尤其是青少年和幼儿，寨里的年轻人基本都外出打工了，老少留守现象比较普遍。在中老年人群中，民族风俗保留较完整，尤其是在黔东南地区基本保持一致的高耸的发髻和鲜艳的头花特征，而且现代服饰与传统发髻头花的色彩搭配显得十分自然（如图 2.7、图 2.8）。这种从生活需要出发而形成的"传统头饰 + 现代服饰"的穿戴是有其合理性的。

在西方人关于中国的调查记中，有不少传教士在云南的记载，如保禄·维亚尔（1885）、乔治·克拉克（1894）、田德能（1913）、塞缪尔·柏格理（1919）、威廉姆·克里夫顿·多德（1923）等都记录了当地的民风民俗，但这些调查记载的事件都发生在云南比较大的地区，如石林、石门坎、蒙自等。而今天我们在一个仅有 167 户，不到千人的山村小寨，看见了五星红旗在一座教堂的十字架顶前方的旗杆上飘扬（图 2.9）。教堂门口有块木碑，碑文记述了该教堂在一百多年前的建造历史。1997 年，在黔东南州民族宗教事务委员会的大力支持下，信徒们出工出料将教堂修缮。从此，每逢圣诞节，来自该寨及周边的信徒都会来这里祈祷（图 2.10）。关于基督教在苗族地区的发展情况，张坦在《"窄门"前的石门坎——基督教文化与川滇黔边苗族社会》一书中进行了专门探讨。[1]

苗族有着自然崇拜、图腾崇拜、祖灵崇拜等传统的宗教信仰，其中祖灵崇拜在苗族日常生活中占有重要的地位。在苗寨信徒中，往往是一人信教，全家信教，但信仰不同并不影响苗族人穿民族服饰、过民族节日。只是苗族人会尽可能寻找信仰相同者结婚，或"嫁夫随夫"信教。此外，不同信仰会在每天祷告做礼拜和部分忌口食物上有所区别。

南花苗寨还有祭神井和龙坛祈福两个祭祀活动。在这些活动中，最显眼的便是穿着盛装在广场上跳芦笙舞的苗家芦笙队。

---

[1]　张坦：《"窄门"前的石门坎——基督教文化与川滇黔边苗族社会》，贵州大学出版社，2009，第 3—15 页。

图 2.6 苗寨无处不在的牛头标志　图 2.7 南花苗寨里的苗族消防员　图 2.8 日常苗族女性

图 2.9 南花苗寨教堂
前的五星红旗

图 2.10 山坡上的教堂

神井治病：在南花苗寨，至今仍然保留有祭井的习俗。新娘嫁进苗寨后第一件要办的事便是前往神井（图 2.11）挑水，然后烧神井水向老人敬茶，用神井水煮酸汤鱼祭祀先祖，以祈求神井保佑新人幸福白头，早生贵子。相传，最先来到南花苗寨居住的一位 80 多岁的老人病了，在奄奄一息之际，他叫病床边的女儿去水井舀一瓢水给他喝。病危的老人喝下井水，眼睛一下子亮了，立马从床上坐起来说"那是一口神井啊，喝了井水能祛病免灾"。从此，寨上一旦有人病了，就会取一瓢井水来喝，并且都会收到意想不到的效果。于是"神井"的传说不胫而走，附近寨子有人生病，都会赶来南花苗寨取"神井"水喝。

龙坛祈福："二月二，龙抬头。"这一天，南花苗寨德高望重的寨老会以他们独特的方式把龙从山顶指引到龙坛（图 2.12），整个寨的居民都聚集在此进香，声势浩大的"龙抬头"祭祀仪式和民俗表演在此进行，寨子的男女身着盛装聚在一起祈福，祈盼新的一年风调雨顺、人丁兴旺、出行平安、五谷丰登。

苗族传统中有"无银无花，不成姑娘"的说法，家中有女儿的家庭自女儿出生开始，每年都要为其打造至少一件银饰，珍藏在专门的木箱里。女儿长到十多岁时，遇到盛大节日和出嫁的喜日，便会将银饰全身穿戴起来。这种传统既是财富的积累，也是对女儿婚后幸福生活的美好祝愿。

南花苗寨女子的盛装（新娘装）验证了这种说法，十分富丽精美。年轻女子日常装束为盘发于头顶中央，戴绢花，插木梳、银簪，穿交领大襟短衣，盘肩、窄袖下端绣花边，围黑绒绣花胸兜。她们的盛装打扮则更为绚丽多姿，盘发髻，佩戴镶有花鸟的银梳、银钗、银马排头围，以及刻有二龙戏珠和蝴蝶的

图 2.11 南花苗寨神井

图 2.12 南花苗寨龙坛

银胸牌或有枫香叶、水牛和吉宇鸟的三连银背牌（图 2.13、图 2.14），配以银项圈、银手镯、银亚领、银片和大银角，这样一身重 4 至 6 斤，甚至 10 多斤。盛装服饰以"长裙苗"的代表物——长到脚跟的彩带与百褶长裙为特色，配色绚丽多彩，制作精美，对比强烈，给人以震撼的视觉冲击，让人目不暇接、过目不忘（图 2.15）。

　　常在苗族的银饰和绣花上出现的图案是牛角、枫叶、吉宇鸟、龙和蝴蝶，其中牛角是最普遍的图案。枫叶的造型在银饰的吊花上多有体现，一般以三角形的枫叶纹形态连接其他图样。吉宇鸟类似汉族的凤凰（苗族本没有凤凰，但现在的苗族纹样中也出现了凤凰图案，这是汉族文化的影响），常作为发簪主体出现在银饰中。苗族龙的使用场景和地位与汉族不同，在苗族图案中，龙与各种动植物平等共处于一个平面中。作为苗族母亲的蝴蝶妈妈，在银围帕、发簪、银梳、耳环、项圈、压领、银衣片、背带、腰链、吊饰、手镯、戒指、烟盒、围腰银牌等几乎所有的银饰上都可以看到。这些常见的动植物一旦以抽象的线条和夸张变形的手法来表现，就赋予了另一种意义和情趣。苗族没有文字，从某种意义上来说，这些图案纹样是铭记在服饰上的一部鲜活历史，从一个侧面映现出苗族社会发展的概况，所以苗族服饰有"穿在身上的无字史书"之美誉。

　　与苗族年轻女性相比，苗族老年妇女的穿戴相对比较素净，不佩戴银饰品，服装的绣花面积也减少了许多，仅在交领门襟部位、袖口、围裙摆边有绣花，上身交领短衣，下身黑、青、蓝等颜色的长裤，腰间扎一条长围裙，头上盘髻戴额布（图 2.16）。

图 2.13 刻有二龙戏珠和蝴蝶的银饰胸牌

图 2.14 刻有枫叶、水牛和吉宇鸟的三连银背牌

图 2.15 南花苗寨苗族年轻女性盛装　　图 2.16 南花苗寨老年妇女的穿戴

　　漫步于南花苗寨，如同进入了世外桃源，寨子里极其安静，鹅卵石与青石板铺就的村道蜿蜒上山，鸟鸣阵阵，偶尔会传来几声犬吠，满目青翠，完全感觉不到尘世间的嘈杂与喧哗，甚至连夏天的炎热也被隔绝在村寨之外。我们在一棵大树下遇见了一位姓穆的苗族大姐，她与我们热情地聊起了天。穆大姐是从西江那边嫁过来的，听说我们是研究服饰的，就从家里拿出一套给她闺女穿的苗族盛装，一件一件给调研组的严昉老师穿戴。转眼，我们面前就出现了一个头戴银冠、身着苗装长裙，颈上佩戴全套银饰的"苗族姑娘"，美妙绝伦（图 2.17、图 2.18）。

图 2.17 穆大姐给调研组严昉老师穿戴　　图 2.18 南花苗寨女子盛装

　　高发髻和大朵鲜花的发型也是南花苗寨苗族妇女日常生活中的显著特征。穆大姐告诉我们，苗族女孩三岁前要剃三次头发，并将剃下的头发收藏起来，以后就不再剃了，从五六岁开始从头顶一圈一圈蓄发，并从头顶开始打发髻，不插梳子。六至十二岁期间，发髻周边的头发常用剃刀修光，以保证长大后头发粗黑。到十六七岁头发稍长时，就全部挽髻，这时积累起来的假发接在真发上就能盘起一个苗族独有的高发髻造型。

　　盘高发髻是苗族成人礼的重要标志，也是苗族女孩成长中的重要转折点。穆大姐边讲边把自己的头发打开，重新演示了盘髻的全部过程。当穆大姐把盘着的发髻解开后，长长的头发一直垂到膝盖以下（图 2.19），我们惊叹于如此浓密的长发，甚至忘了还有假发糅合在一起，其中自然包括穆大姐自己积攒起来的头发。盘髻时掺入一些假发，既是为了方便之后的打理，也是高发髻造型的需要，更深层次的原因则是苗族文化中对父母的孝敬之道。假发的积累是一个漫长而细致的过程，女子把自然掉落的头发一根一根捡起来、收藏起来，最后在自己的成年礼上让它们重新回到自己的头上，这似乎也是在践行《孝经·开宗明义》所记载的"身体发肤，受之父母，不敢毁伤，孝之始也"。

　　穆大姐弯腰向前 60 度左右，右手拿梳子，把头发整体往前梳通并理顺，用左手心将头发集中握住，接着将头发在头顶的正后方 3 厘米处固定，再用一根缩筋带或一根粗线在左手固定部位将头发捆紧，在捆线固定处从后面接上一把近 1 米长的假发（据说，在过去这些假发都是女孩自己头上掉下来的头发积攒而成的，现在基本是买的现成假发），然后左右手握住接好的假发，从上到下、从右到左慢慢将长发搓成麻花状并扭成一条到发尖后，左手握住发尖，手心向外伸出右手，握住发根，四指从左边往右边拉，同时翻转，将头发整理拉紧形成高塔造型，再把余下的头发用线捆扎后绕到塔形发髻与头顶之间的夹缝中固定，最后整理下头发，头后面向头顶方向插上牛角梳，佩上大花朵或银饰（图 2.20）。

　　通过穆大姐对自己头发的梳、理、编、扎、盘、绕、插等一系列复杂而有条不紊的动作，一个高耸入云、形似盘玉的苗族高发髻造型完美呈现出来，令人啧啧称赞（图 2.21）。

　　苗家女孩有了高发髻，就表示该女子已长大成人，可谈婚论嫁了。

　　这些苗族妇女是中国传统文化实实在在的践行者和传播者。

图 2.19　梳发　　　　　图 2.20　盘成后的高发髻　　图 2.21　盘成后的高发髻　　扫二维码看盘发
　　　　　　　　　　　　　　　　　　侧面　　　　　　　　　　　正面

2. 季刀苗寨

　　从南花苗寨出来已过晌午，沿着清澈的巴拉河向南行驶，20 多分钟后，我们便到了季刀苗寨。曾慧祥老师介绍道，季刀苗寨因巴拉河水流经寨前形成的深潭而得名，季刀为苗语"深潭"的汉语音译。季刀苗寨的建寨史由于没有文献资料记载而无法考据，据季刀苗寨的老人口述，其先民是从江西南昌迁徙而来，定居此地已有 11 代，按 20 年一代推算，已有 220 多年。季刀苗寨至今基本保持着原始村落形态。

　　季刀苗寨分上、下两寨，下寨前临河，后依山，巴拉河由南向北、后转东绕村脚而过，隔河为炉（山）榕（江）公路。下寨苗族聚居，全部为潘姓，110 余户，近 500 人。村后一片古木，寨前一片水田加河流。往西南 1 公里处的巴拉河右岸为季刀上寨，山寨分布在山谷两旁，呈三角形状（图 2.22），村后依山，古木参天。村寨建筑古朴，吊脚楼木房瓦顶为多，错落有致，坐东朝西，呈块状聚落，有百年粮仓、古花街等（图 2.23）。

　　季刀下寨是苗族古歌活态保留得比较好的寨子。这里的苗族古歌因历史的久远和文化的连续性被后人称为"百年古歌"。百年古歌并非只有"百年"，苗族古歌在季刀苗寨已经有六七百年的历史，"百年"只是对其活态古歌文化体系的一种泛称而已。季刀的"百年古歌"内容广泛，从宇宙的诞生、人类和物种的起源、开天辟地、初民时期的滔天洪水，到苗族的大迁徙、苗族的古代社会制度和日常

图 2.22 季刀苗寨地势和寨区　　　　图 2.23 山坡上的季刀苗寨

生产生活等都是其素材。季刀上寨以苗绣为特色，2006 年，苗绣成为第一批被国务院列入中国非物质文化遗产名录的传统技艺。2014 年，季刀苗寨入选第三批"中国传统村落"。由于苗族只有语言没有文字，千百年来的历史文化都是通过苗绣记录、古歌传唱的方式流传下来的。苗族古歌传唱和服饰中的图案刺绣，都具有承载民族历史的功能。

　　村口的巴拉河是凯里苗族的母亲河，两岸有许多高大的树木，绿荫遮蔽下的巴拉河水格外清凉明澈，河底的砂石、鱼虾仿佛触手可及（图 2.24）。尤其是夏天，寨子里的孩子们会光着屁股在河里戏水玩耍。在河水里泡上一阵子，想必所有的酷热和烦恼都会被河水带走。哪怕是在河边砂石上坐一坐，发发呆，也会令人神清气爽。

　　曾慧祥老师把车停在河边的大树下，我们沿着石头铺就的百年村道，向村寨走去。石块铺就的村道整洁又古朴，这是苗寨居民们多年保护的成果。当我们走进季刀苗寨，依然能感受到"晴天不积灰，雨天不泥泞"的古道妙处（图 2.25）。曾老师带着我们在村里转了一圈，介绍了季刀苗寨的基本情况，然后指着路边的一座关着门的老阁楼问："知道这是什么吗？"她接着说："季刀有'三百'，即'百年古歌''百年粮仓''百年刺绣'。"当然这里的"百年"也是泛指，数百年的意思。图 2.26 所示的就是"三百"之一的"百年粮仓"。

　　季刀苗寨的百年粮仓（图 2.26），始建于清朝道光年间（1821—1850），至今已有 200 多年的历史。当时寨子人口少，住房分散，粮仓也随各户修建，由于社会治安差，盗贼抢劫和火灾时有发生，粮食遭受了严重损失，人们为之惶恐不安。因此处山谷溪水从村寨顺流而下，又是寨子的心脏地带，在村寨长老的建议下，人们都在此地集中修建粮仓，在粮仓四周修建住房防守，并安了寨门。这样，既防火又防盗，粮食损失大大减少，人们也可安居乐业，集中修建的粮仓从

图 2.24 季刀苗寨
村口的巴拉河

图 2.25 季刀苗寨的百年古道

图 2.26 季刀苗寨的百年粮仓

此世世代代保存下来。在西南地区，类似的建在水上的村寨集体粮仓比较多，这是西南地区人民的智慧结晶，是他们在长期与自然灾害的对抗中总结出来的一种行之有效的方法。

我们继续向村里走去，寨内吊脚楼倚坡而筑，鳞次栉比，房前屋后都有些绿植菜地，狭窄的街道显得格外幽深静谧，看得出，这里的苗家人生活得很恬适，连粮仓前散步的鸡都在悠闲笃定地踱着方步（图 2.27）。我们行至街道尽头，眼前忽然一亮，一个篮球场大小，用鹅卵石铺地的广场出现在寨子中心。广场四周都是木质吊脚楼，午后，人们三三两两散坐在广场周边聊天，一只纯白色的狗懒洋洋地躺在地上享受着午后的暖阳……（图 2.28）广场上方挂着一幅巨大的聚会活动合照喷绘，上面用醒目的中英文写着"季刀故事"，并配有一段文字：沧海桑田后依然，用舞步流露悲庆，用米酒酿造豁达，用歌声承载历史，用服饰追寻记忆，用对祖先、对自然的敬畏，封存了这一切！（图2.29）这些简短文字讲述了季刀苗族精彩的故事。

穿过广场，我们来到一户苗家吊脚楼下，从楼上"美人靠"栏杆上探出身来的女主人热情地与曾老师聊上了天，还招呼我们上楼用餐。原来曾老师在南花苗寨时就已经与她的朋友约好了这次午餐。这是一家上下两层，具有民族特色建筑风格的乡村客栈，二楼是一个很大的厅堂，木头地板，靠街的一边凌空，有屋檐挑出，有"美人靠"的露台，向外可以看寨景。露台的墙上还挂了不少牌匾奖状。这家客栈的女主人就是曾老师的朋友，被称为"乡村旅游致富带头人"的陈琴女士。

来到季刀上寨，我们才知道这条通往苗岭的古栈道上的许多神奇故事，曾经名不见经传的巴掌大的村寨，居然还来过许许多多的名人大家，他们都留下了丰富多彩的传奇故事。茶余饭后，坐在苗家吊脚楼的

图 2.27 闲庭信步的鸡

图 2.28 午后广场上聊天的村民

图 2.29 广场上悬挂着巨幅海报"季刀故事"

"美人靠"上，陈琴向我们讲述了季刀苗寨的奇闻趣事和她的创业史。

季刀是一个古老苗寨，已有 600 多年历史，寨里的古道、古树、古歌、古粮仓见证了先人的生态智慧。古枫是季刀苗寨的图腾。在季刀苗寨，百年古枫矗立村头寨尾，成簇成群。季刀人视树为神，与树和谐共生，祈求古树保护全寨平安，子孙兴旺。陈琴从小在老人的古歌声中长大，她说，苗族古歌传唱的主要内容为苗族史诗，意在告知后人：苗族的始祖蝴蝶妈妈是从枫木中生出来的（图 2.30）。

"我是 2000 年从黔东南州卫生学校毕业后来到三棵树乡季刀村的，之后就成了这里的乡村卫生员。"陈琴指着当年的照片接着说，是 2004 年巴拉河乡村旅游示范项目启动实施给她和这个村带来了全新的变化。她被聘为巴拉河乡村旅游示范项目工作的专职信息员，参与了巴拉河乡村旅游示范项目工作的"管理 / 培训""监控 / 评估""规划 / 建设"和项目实施的全过程。从中，她学到了发展乡村旅游的很多知识和乡村客栈的经营管理方法，并由此萌生了在家里开办乡村客栈的想法。

图 2.30 陈琴（右 1）和苗寨老人一起唱苗歌（陈琴提供）

2011 年，在丈夫（一位小学教师）的支持下，陈琴贷款 30 多万元，修建了 300 多平方米、上下两层的具有民族特色建筑风格的乡村客栈，她把苗族人的热情好客、民风淳朴在游客面前展示得淋漓尽致。

同年，中国宋庆龄基金会嘉人女性幸福基金——苗绣村寨扶持项目正式启动，当苗绣村寨扶持项目获得第一笔捐赠——来自法国品牌希思黎的 40 万元资金后，便开始寻找合适的村寨开展项目。定点村寨的选择有两个标准：人均年收入低，有濒临失传、亟待保护的苗绣绣法。2011 年，中国农村人口平均年收入为 7000 元，而在季刀村，人均年收入则不足 3000 元。最重要的是，项目团队在季刀村发现了苗绣中最珍贵的绣法之一——双针绕线绣（图 2.31），在巴拉河流域周边的十几个村寨，唯一掌握双针绕线绣的就是住在季刀村的漾阿婆（图 2.32）。

图 2.31 双针绕线绣片（陈琴提供）

图 2.32 唯一会双针绕线绣的漾阿婆（陈琴提供）

　　当时，漾阿婆已经 70 多岁，不会说普通话，视力也大不如前。母亲去世后，漾阿婆在整理遗物时发现了一件绣了一半的盛装，正是母亲用双针绕线绣做的。后来为了完成这件盛装，漾阿婆一边找人打听绣法，一边自己回忆，终于想起了这种特殊绣法技艺（图 2.33）。陈琴是第一个穿上漾阿婆修复的有百年历史的双针绕线绣盛装的人（图 2.34）。漾阿婆无意之间复原的双针绕线绣盛装，救回了失传多年的双针绕线绣法，为苗族刺绣针法填补了一个重要空缺，也给陈琴她们带来了希望和信心。为了让更多绣娘能够参与，项目团队在每个村寨都找了一位既懂一些"绣花"技艺，又懂得沟通，在村里有威信的专员。既受过现代高等教育又通晓苗语苗俗的陈琴，自然成为项目组的首选"带头人"。季刀村成为项目的第一个定点村寨（图 2.35）（第一批的定点村寨还有擅长锡绣的展留村、擅长破线绣的金钟村）。

图 2.33 漾阿婆修复双针绕线绣衣

图 2.34 陈琴第一个穿上双针绕线绣盛装（陈琴提供）

图 2.35 2011 年苗绣村寨扶持项目进驻季刀苗寨（陈琴提供）

图 2.36　谢锋（右 2）陈琴（右 3）在"法国苗绣之旅"现场
（陈琴提供）
图 2.37　"2014 中国苗绣法国巴黎时装周公益展"
图 2.38　"2016 中国苗绣美国纽约时装周公益展"

2012 年，中国著名设计师谢锋到季刀采风，住在陈琴的乡村客栈，被陈琴的热情淳朴和周到的服务所感动，于是邀请陈琴全家参加当年在法国举行的"法国苗绣之旅"2012 春夏聆听时装发布会（图 2.36），陈琴在发布会现场进行了苗族刺绣表演，受到了现场专家的高度赞誉，这更加坚定了她想通过苗绣为家乡做更多事的决心。此后，陈琴又参加了"2014 中国苗绣法国巴黎时装周公益展"和"2016 中国苗绣美国纽约时装周公益展"（图 2.37、图 2.38），均受到很高评价。

2013 年 7 月，陈琴成立了一家名为凯里市季刀苗族文化传播中心的企业，以苗族刺绣、服饰等的制作和销售，乡村旅游景点开发及苗族文化传播作为核心。陈琴收集村寨里的手工银饰、绣品，通过网络进行销售，企业帮助村寨妇女用刺绣为家庭创收。

在共同创业的过程中，陈琴得到了凯里市妇联给予的大力帮助和支持。2015 年，陈琴的企业被市妇联评为"巾帼示范基地"，并入选市妇联组织的"锦绣计划"培训项目。在 2015 年底，联合国开发计划署联合中国宋庆龄基金会、凯里市文化产业办，在贵州黔东南苗寨推出了"指尖上的幸福"项目，旨在通过开展苗绣技艺培训，帮助当地少数民族女性增加收入，改善生计。当"指尖上的幸福"项目在季刀苗寨落地后，陈琴毫不犹豫地申请成为项目联络人。在联络培训的同时，陈琴利用农家客栈对苗绣进行宣传，以苗家人的真实生活来吸引外来游客，不仅推广了苗族文化、苗绣产品，还提高了村民的收入，越来越多的苗家妇女加入项目并成为绣娘。目前季刀苗寨稳定的绣娘有 50 人，每人每年增加的收入多有 2 万元，少则 2 千元以上。为了使项目可持续稳定地发展，陈琴号召绣娘们从收入里拿出 3% 作为种子基金，以鼓励并支持周边更多的苗寨妇女创业。

临走时，陈琴把我们送到村口，告诉我们：因疫情，季刀苗寨的乡村旅游也受到了影响，客流量大不如前，她正在积极学习网上电商的课程，想通过网络平台拓展发展空间，寻找到可持续发展的新路径，希望得到更多人的关注和支持。

离开季刀苗寨后，我们踏上了前往雷公山地区苗寨的路，脑中时不时还会浮现季刀苗寨的情景。我们相信，在陈琴这样的"新苗人"的努力下，季刀苗寨一定会越来越好。

小贴士

中国宋庆龄基金会嘉人女性幸福基金于 2011 年设立，旨在保护濒临失传的少数民族手工艺，帮助少数民族女性改善生存状况，提高社会地位。首期主要扶持贵州黔东南妇女的苗绣手工艺，并通过筛选手工艺技师，开展刺绣比赛，组织手工艺复制、培训、宣传等多种形式，使苗绣得以传承和发扬；同时，该基金也在积极寻求时尚界对苗绣的关注，将设计、品牌与苗绣链接，重现一种细密、缓慢、精致而不骄矜的传统生活。五年间，该基金共扶持苗族村寨 8 个，600 余户苗族村寨家庭因此受益，参加项目扶持的家庭年增收 3000—5000 元不等，完成了千余件不同绣法的绣片和 5 件按照苗绣古法复制的服装。

3. 郎德苗寨

离开季刀苗寨，我们的下一个目标是郎德和乌东苗寨。前行路上有不少苗族特色的建筑物，在一组标有"西江巴拉河景区欢迎您"字样的苗寨建筑群前面，矗立着一对巨大的牛角银饰头冠以及用三组银饰牛角组成的入口门架，带有鲜明的苗族特色，十分震撼，是一道靓丽的风景线（图2.39）。

在汽车途经黄里苗寨交叉口时，蓝天白云的天幕中突然飘来一团黄云，正对着地面马路边耸立着的路牌。我下意识地按下了手中D90相机的快门，记录了这个瞬间（图2.40）。在回放照片时，我们才看清楚，原来黄云下的路牌指向

图 2.39 巴拉河沿途景观

图 2.40 去雷公山沿途景观——黄里苗寨标志

被称为黄里苗寨的地方。不过，促使我按下快门的并不是这个路牌，而是路标边上那个巨大的银角。这一路上我们见过不少用苗族银角作装饰的各种物件，但与那些不同的是，这个银角不仅巨大，而且与银胸牌相连，下方还有一个巨大的黄铜牛头。远远看去，好似黄牛驮着水牛，两牛相叠，再加上空中陡然出现的一朵形似蝴蝶的黄云，于天地间构成了一组整体画面。蝴蝶和水牛都与苗族崇拜的图腾有关，而我们从来没有见过黄牛头作为苗族标识，更没有见过黄牛叠加水牛造型。一切都是那么的巧合。感谢老天恩赐，送来这样一个奇观，引导我们对苗族文化的探秘。

再次审视这张照片，可以看出，这个装置是由三根黝黑的圆木构成基础"门形"框架，"门框"有 4～5 米高，门梁上架着近一米多高的银角头饰，银角左右两侧各雕一龙，两龙相对，中间雕刻有太阳纹八卦宝珠，呈"二龙戏珠"样式，龙尾上翘，接凤凰图案。两角间有 12 片呈放射状排列的银片组成的扇饰（又称凤尾），扇柄雕有"凤戏牡丹"图样，与银角形成日出、光芒及龙飞凤舞相结合的独特艺术效果。与银角头饰相连的是苗族女性胸前垂挂的半月形银牌，上面刻有龙凤、花草、树木、太阳、几何形状等与苗族生产生活、信仰崇拜相关的吉祥图案。银牌原是苗族姑娘佩戴在胸前的一种装饰物，苗语为"兴巴"，银牌下端吊挂 11 枚吊钎，吊钎为刀、剑、矛、挡耙等仿古兵器式样，吊钎下悬挂着 11 个空心的小银环作坠子，银环下还系有 11 个铃铛。银牛角与银胸牌是用两只银制的小蝴蝶连接的，十分精致。银角（水牛角造型）胸牌饰物（图 2.41）下是一个看似黄铜铸成的黄牛头，一对短小而有力的牛角，用两朵祥云塑造的牛鼻子，犹如年画中的牛神（图 2.42）。传说中苗族的先祖蚩尤就是有角的，因此，在苗族的银饰中大量出现的银角可以看作祖先崇拜的一种体现。但黄牛与苗族有什么关系呢？这个标志是在通往黄里苗寨的路上出现的，肯定与黄里苗寨有关。在好奇心的驱使下，我上网搜查了一番，恍然大悟：黄里，是全国无公害肉牛生产基地县之一。近年来，凭借黄里黄牛"国家地理标志农产品"的名片，黄里充分发挥当地良好的自然资源优势，着力打造黄里肉牛特色品牌，加大产业链效应，黄牛让黄里苗民、农民真正"牛了起来"（图 2.43）。[①]

银饰水牛角与铜铸黄牛头组合而成的村标成为黄里苗族黄牛产业品牌宣传的标志，而这个标志在我们经过的这一天，与天上的黄云在通往黄里苗寨的路上来

---

① 王小勇：《"贵州黄牛"助力乡村振兴——贵州黄牛产业集团发展侧记》，多彩贵州网，http://dcpp.gog.cn/system/2021/08/04/017953152.shtml，访问日期：2022 年 12 月 1 日。

图 2.41　黄里苗寨村标中的银角
图 2.42　黄平苗寨村标中的黄牛头
图 2.43　黄里苗寨村里的黄牛

了一场不期而遇的天作之合，或称之为神人之作，实为一件幸事。美中不足的是，在这样一件天人佳作中出现了一个不协调的"黄里村"蓝色小路牌。

小贴士

> 　　贵州省有 400 多年养牛历史，贵州肉牛产业是全省生态畜牧业重点发展的四大产业之一。贵州肉牛养殖历史悠久，现已发展形成关岭黄牛、黎平黄牛、威宁黄牛和务川黑牛等优质地方肉牛品种。其中，关岭黄牛和思南黄牛、黄里黄牛均已荣获国家地理标志商标。虽然养黄牛的地方不少，但把黄牛与已成为苗族民族符号的银角头饰组合为标志的苗寨，黄里还是第一家。

　　从季刀苗寨到郎德苗寨，约有 30 分钟车程。郎德镇，始建于元末明初，距今有 670 多年历史，现隶属贵州省黔东南苗族侗族自治州雷山县，地处雷山县西北部，东邻西江镇，南抵丹江镇，西连望丰乡和凯里市舟溪镇，北接凯里市三棵树镇。郎德苗寨坐落于苗岭主峰雷公山麓的巴拉河，距雷山县城 17 公里。郎德苗寨分为上、下两个寨区，上寨坐落在半山腰，有 147 户，500 多人，全部为苗族，以陈、吴二姓为主。[1] 现在只有上寨对外开放。寨子依山傍水，

---

[1]　国家统计局农村社会经济调查司：《中国县域统计年鉴·2020（乡镇卷）》，中国统计出版社，2021，第 557 页。

图 2.44 郎德上寨（图片来源：黔东南文体广电旅游局）

背南面北，四面群山环抱，茂林修竹衬托着古色古香的吊脚楼，蜿蜒的山路掩映在绿林青蔓中（图2.44）。

　　未进寨区，我们先被与众不同的路灯架吸引（图2.45）。这是由苗族最具代表性的三件宝贝——牛角、芦笙、太阳鼓构成的一件艺术品，最上面是水牛角造型，底座是由太阳鼓和代表梯田的几何体构成，连接两端的是一支芦笙造型的长柱子，别具一格，凸显了雷公山地区苗族文化的特色，让人过目难忘。

　　寨前一条弯弯的河流宛如蛇龙悠然长卧，南面有松杉繁茂的"护寨山"，北面有杨大六桥——"风雨桥"横跨于河流上（图2.46）。我们在南花苗寨也见过类似造型的有三个亭子的桥，亭子顶上同样是牛角装饰。

　　寨内吊脚楼鳞次栉比。吊脚楼上装有"美人靠"供来客休息。"美人靠"，苗语称"豆阶息"，主要用于乘凉、观景、休息，平时又是姑娘们刺

图 2.45 苗家三宝艺术路灯架
图 2.46 郎德上寨的"风雨桥"

图 2.47 郎德苗寨的太阳鼓石雕　　　　　　　　图 2.48 太阳纹蜡染

绣的好地方，具有独特的苗寨风格。村上的小路全部以鹅卵石铺设，干净整洁。寨子人家院中，有一个大型的用石头雕刻的太阳鼓，甚是耀眼（图 2.47）。这次入黔，几乎与银角饰出现的频次一样多的装饰物就是太阳鼓。苗族的太阳鼓究竟有什么奥秘？为何对苗族人来说那么重要？为了寻找答案，我们走访了这面太阳鼓的主人。他给我们讲了一个故事：相传上古时代，天崩地裂，洪水滔滔，姜央兄妹得造物主的指点，躲进葫芦里幸免于难，后来太阳出来使洪水退去。为了使人类得以繁衍，兄妹两只好结为夫妻生儿育女，成了苗族的祖先。后人非常感激太阳的恩德，于是用铜、木、牛皮等材料做成鼓，中间画上太阳的形象，称太阳鼓，在祭祖、祈福和丰收之时将其置于踩鼓坪中央敲击。儿孙们听到鼓声，便纷纷围拢在大鼓边，载歌载舞，尽情欢跳。在苗族人心目中，太阳鼓能避邪驱魔，保佑寨子人丁兴旺、五谷丰登，给人们带来祥和平安。如此看来，太阳鼓是苗族最神圣的祭器之一，苗族视太阳鼓为神灵的化身，其深沉的鼓点和浑厚的鼓声，动人心弦，震颤灵魂，把人们带入遥远的古代和深邃的天际之中。因此，太阳鼓逐渐演变为一种吉祥物，太阳纹也成了苗族图案中常出现的一种吉祥符号。苗族蜡染中也常把太阳纹作为主要图案来运用（图 2.48）。

　　1985 年，郎德上寨作为黔东南地区民族风情旅游点率先对外开放；1993 年载入《中国博物馆志》；1997 年被文化部命名为"中国民间艺术之乡"；2001 年被列为"全国重点文物保护单位"，是旅游观光、考察苗族文化、领略苗族风情的

图 2.49 郎德苗寨穿盛装的绣娘（图片来源：黔东南文体广电旅游局）

太阳纹是铜鼓纹饰之一，圆心向外围辐射的太阳光线使其纹样呈现出光芒万丈之态。太阳纹还常与其他纹样组合，形成丰富多彩的复合型纹样。以太阳光芒为中心，以同心圆形式逐层向外扩展，每个圈层都由动物纹、鱼虫纹、花草植物纹、锯齿纹、回纹等纹样组合而成。苗族人民将太阳奉为神灵，在古老的传说中，苗族人民认为太阳是有家的，有太阳的地方就有生活的希望，于是他们追随着太阳的脚步来到了黔岭一带，并从此定居。苗族人民把太阳纹画在布上，刻在器物上传承下来的做法寄托着苗族人民对太阳崇高的景仰和对美好生活的追求。

首选村寨。在郎德上寨，我们再一次欣赏到了魅力无穷的苗族芦笙歌舞和绚丽夺目的苗族服装（图 2.49）。

4. 乌东苗寨

从郎德村到乌东村大约 30 分钟车程。乌东苗寨位于雷山县城东部，坐落在苗岭主峰雷公山山腰的谷地内（图 2.50），全寨 180 户，共 478 人，均为苗族，系"长裙苗"支系。以农耕稻作为主，茶叶种植为辅，群山环抱、常年云雾缭绕，年平均气温 12.4℃，故冬无严寒，夏无酷暑，清凉宜人①。乌东苗寨，苗语称"欧

---

① 《乌东村》，黔东南苗族侗族自治州民族宗教事务委员会，http://ystqdn.cn/default/stockade/view/id/27，访问日期：2023 年 2 月 2 日。

图 2.50 半山腰上的乌东苗寨
图 2.51 乌东苗寨迎客敬礼酒（村委会提供）
图 2.52 乌东村村委会——党群服务中心

东"，其意是河中之寨。有两条溪流在山梁尾端汇合，潺潺向西北流去，十几户苗族在两条河流中间的山梁上造屋而居，故而得名乌东寨。

约 300 年前，为躲避战乱，其他地区的苗族避居于乌东寨，乌东苗寨正是由此形成。乌东寨有杨、潘、李、龙、万、姜、侯、赵、金等 9 个姓氏，全系苗族。根据古老相传的历史，最早来此居住的是清雍正年间为躲避张广泗的镇压而避匿于此的苗民，也有说是为躲避清咸丰、同治年间的清兵对苗民起义的镇压逃居于此，还有的是灾荒年无法生活而到此求生的。由于世居于乌东的不同姓氏的苗族之间并不同宗，因而不同姓氏之间可以通婚，形成复杂的姻亲关系，人们相处融洽、和谐，民风淳朴（图 2.51）。

走过寨门，我们来到了一个大广场（苗族人的集体意识很强，每个村寨都有一个广场，广场地面都是用鹅卵石铺就的太阳纹，这是苗族人举办聚会、庆典，跳芦笙舞的地方），广场对面是一排六开间、二层楼的悬山顶青瓦木结构楼房。房屋二楼扶栏中间挂着一块匾额，上刻仿宋体的"丹江县乌东村党群服务中心"及党徽，一楼板墙上挂了十几块牌子，每间办公室对应的基层服务都有明确的牌名，一目了然，亲民便民。楼房前正中有一旗杆，五星红旗高高飘扬（图 2.52）。在大山里有这样完整齐全的标识系统的村级单位还是比较少见的。

图 2.53 风景怡人的乌东苗寨

在广场另一端的乌东村党建宣传栏上，详细清楚地列出了乌东村脱贫攻坚的基本情况——2011 年 7 月，乌东村党支部荣获"全国先进基层党组织"光荣称号。在中国扶贫基金会（现名为中国乡村发展基金会）官网 2018 年 4 月 27 日的报道中：雷山县依然是贵州省 14 个深度贫困县之一，这一年乌东村却已成为雷山县脱贫致富的先进村。在 2019 年 5 月 19 日的黔东南日报综合新闻版上，有一篇题为"退伍不褪色　带富众乡亲——记雷山县丹江镇乌东村党支部副书记、退伍军人杨磊"的报道，从报道中我们了解到乌东村当年的情况：乌东村山高坡陡，平地少，耕地破碎，土地上产出的经济效益不多，因此许多村民纷纷选择外出务工，部分村民甚至还存在"等、靠、要"的思想。2016 年，退伍军人杨磊当选乌东村党支部副书记。2 年后，在杨磊的带动下，乌东村开始发展特色产业，当年收入超过了 3 万元，乌东村一跃成为远近闻名的脱贫致富先进村。2018 年，乌东村正式摘下"贫困帽"，成为苗岭大山中的后起之秀。如今的乌东村已成为山清水秀、风景宜人、苗寨特色鲜明的旅游打卡地（图 2.53）。

乌东苗寨的建筑通常为建于斜坡上的木质吊脚楼，吊脚楼一般分为三层，底层用于存放生产工具，关养家禽与牲畜，储存肥料或作厕所；第二层用作客厅、堂屋、卧室和厨房，堂屋外侧建有"美人靠"；第三层主要用于存放谷物、饲料等。乌东苗族除了建吊脚楼外，还喜欢把粮仓悬空建在小溪之上，防止鼠害，由此也形成了一道亮丽的风景。吊脚楼全盖青瓦，置纳明窗，宽敞明亮，每户底楼的中堂外边都装有休闲长坐凳和竖条围栏，以及稍向外凸出的"美人靠"，既富有艺术性又干净卫生（图 2.54）。

乌东村的民俗也具有苗族特色，传统节日主要有苗年节、吃新节等，最隆重且节日期长的是 13 年一次的鼓藏节。苗年节有小年和大年之分，小年一般是每

图 2.54 乌东苗寨
吊脚楼

图 2.55 乌东村大
广场上的芦笙舞
（图片来源：央频
魅力）

年农历十月十五以前的卯日，也称"放牛节"，从这一天起就可以放牛上坡，直
到开春耕种时才能赶牛回家；大年一般是每年农历十二月以前的卯日，是乌东村
一年当中最隆重、最热闹的节日。这一天，大广场上芦笙四起，鼓点激昂，穿着
苗族盛装的男女老少汇聚于此，热闹非凡（图2.55）。

　　我们从村寨小道拾级而上。吊脚楼倚坡而筑，随着山势起起伏伏，那么自
然适宜，人与自然在这里完全融为一体。登高而望，但见对面山田层层，山腰处
星星点点地落着一圈苗家阁楼，宛若给大山挂了一串珍珠项链，令人遐思无限
（图2.56）。

图 2.56

| 图 2.57 | 图 2.58 | 图 2.59 |

图 2.60

图 2.56 雷公山中的乌东苗寨与梯田
图 2.57 荷锄劳作的乌东苗寨苗民
图 2.58 劳作回家的乌东苗寨村民
图 2.59 吊脚楼边的荷花塘
图 2.60 乌东村里的水碾磨坊

　　回首俯瞰刚才走过的村落，但见从山顶滑落一丝斜阳，光影交汇处，吊脚参差，田宇交替，炊烟袅袅，柴禾香飘。时隐时现的村道上，苗家妇女荷锄背篓，三三两两，看得出是刚从田间地头劳作而归，小黄狗紧跟在主人身边，时而跑前，时而殿后，忙得不亦乐乎。房前屋后，不是灌木葱葱，便是荷田鱼虫，令人分不出在是村里还是田间。此情此景让我忽然想起陶公所记，不禁对其略作修改：有良田、美池、桑竹之属。阡陌交通，鸡犬相闻。往来种作，怡然自乐。男女衣着，悉如常人。唯高发盘髻，悉知苗姓。再退一步看，人在山田水边住，山田林溪是我家。这不就是山水画家笔下最常见的景象吗？（图 2.57—图 2.60）

　　乌东村里的孩子，如同山中的鸟、水里的鱼，自由自在地生活在大自然中，纯粹是"放养型"的。他们不像城市里的孩子，被车水马龙围绕，缺乏与大自然的亲密接触。村寨里的小孩，可以在村里满街跑，可以在田头塘边尽情玩（图2.61），可以在学龄前尽情享受家乡赐予的美好童年。孩子天生拥有自己的小宇宙，但是需要通过探索和亲身体验才能绽放。而孩子的各种看似费解的尝试，都是他在探索这个世界，而且这是区分自我和外界的唯一办法。在这一点上，苗寨中的孩子是幸运的。

　　都说现在是网络时代，手机一点，货物到家。然而，这样的方式仅限于城市，在山区，尤其是大山里的少数民族村寨，商品市场流通的地区差十分明显。暮霭时分，我们走向停车场准备回凯里，恰好有一家由货车临时搭建的百货店出现在那里。上去一看，车摊上都是些生活日常用品，车边的"卖货郎"说他是其他苗寨里的人，以前是挑着货郎担走村进寨，现在条件改善了，每天出来都是满满一车货，肩挑背扛的货郎担也换成了现代交通工具，成为大山里"流动的百货店"，由此也可以看出苗岭地区生活水平的变化。闲聊间，我瞥了一眼驾驶室，见里面坐着一位中年妇女，好像在做针线活。我以为是在缝补衣服，没想到走近一看，她是在正经八百地做着苗绣（图2.62）。只见她戴着眼镜，手里拿着黑底布料，上面衬着一张白色的剪纸，正用红色线在黑布上来回地穿针走线，绣的是苗族最常见的题材——云头如意上的牡丹吉祥鸟图案。从绣花的线迹和针法中可以看出，这是一个老绣娘。我好奇地上去问道："您这是在赶工绣花啊？""没有，只是现在买东西的人少了，老头子一个人就能应付，我就闲下来做点活（绣花）。"她没抬头，两眼还是盯着针线进出的地方。"您绣花是消遣还是自己用？""不是（自用），绣好了可以去卖几个钱。"说完，又忙着绣她的花

图2.61 乌东村在自家门口玩水的小孩

图 2.62 坐在"流动的百货店"里的绣娘

图 2.63 休息时席地绣花的苗家女（图片来源：黔东南文体广电旅游局）

了。看来对她来说，这也是一种生计，见缝插针，做点绣花活换点钱。我突然想到前几天看见的一张照片，是几名穿着盛装的苗家女在活动间歇坐在地上绣花的场景，看来这也不是摆拍，而是苗家女生活的真实写照（图 2.63）。

小贴士

短裙苗

在雷公山区，除了长裙苗，在新塘一带还有一群穿超短裙的"短裙苗"，20 世纪七八十年代以前，这里的女性穿着五寸长的百褶短裙。20 世纪 90 年代后，除了着短裙外，内穿三角裤。关于这支苗族女性穿短裙的原因，应与当地的气候和劳作有关。女孩们为鼓励男人们劳作多出力，穿着活力四射的短裙在劳动场所为男人们鼓劲，类似于今天的啦啦队。姑娘们平时穿两条裙子，节日盛装的时候穿三四条裙子，但不管穿

图 2.64 短裙苗（伊久岛摄）

多少，长度总也不会增加。这种风俗一直留存至今，成为该地区文旅活动中的一道独特风景。

调查小结

凯里地区是中国苗族最集中的地方，其中又以雷公山地区为最。苗族与其他少数民族一样，在他们的生活中，最具民族个性和区域特色的是住房、服饰、美食。本次调研主要围绕民族服饰方面，同时对相关的住房环境与生活状态略有涉及。本次凯里之行，我们走访了一个苗绣工坊和四个村寨。苗绣工坊的刘英不仅传承苗族刺绣，而且敢于创新，把苏绣等技法与苗族图案相结合，使工坊走上了产业化、时尚化道路。南花、季刀、郎德、乌东四个苗寨同属苗岭核心地区，这些苗寨女性村民的盛装同属于"长裙苗"苗族风格，但生活装有所不同，发髻造型相同，银饰头冠亦属于同类。这些苗寨都是依山傍水，都住在半山腰上 2～3 层的吊脚楼，饮食相近，节日祭祀习俗相同。2004 年后，四个苗寨都开始以特色村寨为亮点开展乡村旅游项目，从而带动了传统文化和非遗文创、旅游的全面发展。这些苗寨的女性村民在日常生活中仍保持着高发髻插花的造型，民族特色鲜明，但身上穿的日常服装基本为汉化的成衣装束，只有在节假日和祭祀、聚会等活动时，才身着盛装。盛装必配头冠，凯里雷山地区的头冠主要分为三类，第一种是圆形冠上插两支银制长角和银扇（图 2.29）；第二种是圆形银饰冠，冠上无银角装饰，但有许多挂件（图 2.63）；第三种是在圆形冠上插多层银角（也称为羽翅）装饰，极为奢华（图 2.65）。盛装上衣主要以蓝色为底色，也有部分以黑色为底色（一般用于中老年妇女盛装），无交领门襟，直身直袖，肩袖、门襟处有重工绣花，下裙长及脚踝，由 16～20 条裙片组成，裙内可穿长裤或不穿，裙片上皆为重绣，十分艳丽。上衣除了肩袖、门襟重绣外，前后都有银泡和银穗装饰，走路时头冠上的银坠饰与服装下摆上的坠饰一步一摇，发出清脆的响声，甚为悦耳。此外，盛装还配有 2～3 层银饰颈圈。雷公山地区的苗族女性盛装是所有少数民族中价值最高的，据说这与苗族数千年大迁徙的历史有关。苗族在历史中不断遭受他族的攻击，在艰苦岁月中，必须时时做好迁徙的准备，所有的财产都转化到不离身的服装上，由此，苗族服饰除了遮身护体的作用之外，还具有保存家族财富的职责。当然，今天的苗族已经无须离乡背井，但这一习俗已成为苗族文化的重要显像之一。

图 2.65 双层或多层银角头冠

三　黔东南州黎平县侗族

黎平县，贵州省黔东南苗族侗族自治州下辖县，位于贵州省东南部，黔东南州南部，东毗湖南省靖州苗族侗族自治县、通道侗族自治县，南邻广西壮族自治区三江侗族自治县，西连黔东南州榕江县、从江县，北接黔东南州锦屏县、剑河县，是贵州东进两湖、南下两广的枢纽（图3.1）。侗族属中国古代南方"百越"民族中的一支，到了唐宋时期独立成单一的民族。元至治二年（1322），设上黎平长官司，黎平从此得名。

全县以侗族为主，侗族人口约占70%，苗族、汉族大约各占15%，瑶族、水族、壮族及其他民族均不及1万人。全国侗族总人口超过349万（截至2021年11月），黔东南州的黎平县是我国侗族人口最多的县，全县侗族人口有37万多。[①]

黎平县有一首民谣，"客家（汉人）坐坝，侗家靠孖（河、溪），苗瑶坐在山旮旯"，这首民谣道出了黎平县各民族的大致分布情况。这样的分布格局，与明清时期上层统治者对苗疆的整体政策有关，也造就了侗、苗、瑶、汉、水各民族鲜明的民族性格和文化差异。

图 3.1 侗族调研路径

① 《黎平简介》，黎平县人民政府网，http://www.lp.gov.cn/newsite/zmlp/lsyg/202103/t20210309_67122411.html，访问日期：2023年2月6日。

图 3.2 侗乡三宝之———鼓楼（韦峰摄）

侗族人在历史的长河中创造了自己独特而灿烂的文化，其中"鼓楼、大歌、风雨桥"被称为侗乡三宝（图 3.2）。

侗族信奉原始宗教，崇拜多神，无论是山川河流、古树巨石，还是桥梁水井等，都被侗族人视为有神灵之物，都是其崇拜的对象。侗族人相信灵魂不死，有着自然崇拜、灵魂崇拜、祖先崇拜传统，生活中常以鸡卜、草卜、卵卜、螺卜、米卜、卦卜测定吉凶。在侗族信仰的多种神灵中，侗族女神"萨"（意为始祖母）最受尊崇，侗族人认为"萨"的神威最大，能主宰一切，所以南部侗族村寨普遍都建有萨坛。

侗族村寨过去为管理内务、调解纠纷、加强联防而结成款组织，用"款约"来维持村寨秩序，被称为"没有国王的王国"。新中国成立后，实行民族平等和民族团结政策，款组织随之消失，但如今侗族村寨内的事务，特别是寨内的公益性事务仍由寨老召集各房族族长商议处理。

截至 2021 年 3 月 9 日，黎平的侗族大歌被列为国家重点保护非物质文化遗产、世界人类非物质文化遗产；侗族服饰等 7 项被列入《国家级非物质文化遗产代表性项目名录》；蓝靛靛染工艺等 18 项被列入省级非物质文化遗产代表作名录；葛布制作技艺等 13 项被列入州级非物质文化遗产代表作名录。

本次调查于 2021 年 7 月 1 日至 7 月 7 日在黎平登岑侗寨、地扪侗寨、肇兴侗寨和堂安侗寨等地开展。其中登岑侗寨与地扪侗寨隶属于茅贡镇，肇兴侗寨与堂安侗寨隶属于肇兴镇。虽同属黔东南黎平县，但两个镇的风光景色，以及侗族的生活习惯、着装服饰都有着一定的区别。

本次调查内容主要是服饰文化及与之相关联的生活方式、生态环境、生活条件及民风民俗等，收集了侗族风景建筑、人文活动、服装服饰、手工工艺等方面的资料。

1. 登岑侗寨

登岑村位于茅贡乡北部，距黎平县城 5 公里。全村 158 户 667 人，均为吴姓，分为三个房族；以粮食作物种植为主，茶叶经济作物种植、林木产业为辅。[①]寨子依山傍水，门前有一条小河流过，后龙山古木参天，离寨子仅 100 米处有七八棵珍稀古木红豆杉和珍贵古楠木，有泉水从古老的红豆杉树根下流出，终年泉水淙淙。村里为了人们取水方便，从洞口用石槽把水引出，形成一个琵琶形的石槽盆（又称"琵琶盆"），可以掬水而饮，泉水甘甜清冽（图 3.3、图 3.4）。红豆杉又称紫杉，是世界上公认的濒临灭绝的天然珍稀抗癌植物，已被列入国家一级珍稀濒危保护植物。这一珍贵树种集观赏性和药用性于一身，从中提取的紫杉

图 3.3 登岑侗寨全景

① 《登岑村》，黔东南苗族侗族自治州民族宗教事务委员会，http://ystqdn.cn/default/stockade/view/id/92，访问日期：2023 年 2 月 6 日。

图 3.4 红豆杉泉"琵琶盆"　图 3.5 登岑村的"生命之门"

醇具有抗癌功效，价格昂贵，素有"生物黄金"之称。红豆杉是经过了第四纪冰川遗留下来的古老子遗树种，在地球上已有 250 万年的历史。水中有多种有益身体的成分，故村里长寿者颇多，有不少慕名而来的外地游客专程来此取水泡茶。与这棵红豆杉相距不到 50 米处有两棵合抱在一起的 30 多米高的连根古楠木，一条青石板路从这两棵连根树下穿过，形成一个天然的树根木门。路右边的楠木树高 30 米，胸径 1.2 米，根系十分发达，有一部分根系向路左边 5 米的另一棵高大的楠木根部伸展，两树的树根硕大突兀。据村寨里的老人说，这两棵古楠木已有 400 多年历史。侗族是一个崇拜生殖繁衍的民族，当地人把大的那棵古楠木称为公树，稍小的那棵称为母树，将树根门叫作"生命之门"（图 3.5）。

　　侗族青年男女谈恋爱时会穿上美丽的侗族盛装，抱着琵琶对唱情歌，这叫作"行歌坐月"，是侗族自古以来的风俗（图 3.6）。侗族青年男女从十五六岁起，互相选择友善者、投契者为朋。据《侗族简史》记载："行歌坐夜（月）"，即三五个年纪相当的姑娘，可不分辈分，于农隙晚上，特别是冬末春初夜间，聚集在一家纺纱织布，或做针线绣花。三五成群的青年小伙子，或徒手，或携带"格以"琴、琵琶，到女家唱歌，谈情说爱，直至深夜甚至黎明才归。[①] 传说这个风俗与登岑的红豆杉泉"琵琶盆"、"生命之门"和风雨桥密切有关。300 多年前，登岑村出了一位美丽、善良、能歌善舞的好姑娘。这天，寨老主持全村的后生们到寨中与那姑娘对歌，到了晚上只剩下了两位弹琵琶的后生，其他的都败下阵来，但

① 《侗族简史》编写组、修订本编写组：《侗族简史》，民族出版社，2008，第 243—244 页。

图 3.6 在侗寨穿盛装的"行歌坐月"者（来源：黎平宣传部）

姑娘只能选择其中的一位为心仪对象，她就选择了近寨的一位歌手，向寨里走去。此后，那位失意的歌手夜夜独自一人对月弹唱，歌声感动了山神，山神说："你要祝福这对新人，你的幸福在外乡。"那后生豁然开朗，便告别山神到外乡去了。山神在歌手弹唱的岩石上点化了一棵红豆杉树，在朝寨子去的路上点化了两棵连根楠木树，还在那棵红豆杉树下点化了一口琵琶井，叮叮咚咚的泉水声，是那位歌手留下的祝福。这个神话故事从此流传下来。今天，在侗族流传的"行歌坐月"歌词大意为：（女）风轻了云在飘，脸红了花在笑，满天星星在闪耀，问我为谁睡不着。（男）河水不停奔跑，心中爱火在燃烧，月亮爬上山腰，我等你在风雨桥。

　　当地的禾仓群也是侗族的一大特色。登岑村 2000 年被列为省级文物保护单位，也被列入第一批《中国传统村落名录的村落名单》。登岑侗寨至今仍保存有最古老的侗寨建筑和禾仓文化，当地侗民将大部分禾仓集中建造于村东北侧的山谷内，山谷内原有溪流，因筑坝形成了一系列浅塘，禾仓群即建于其中，浅塘还可作养鱼鸭之用，这也是侗族地区常见的一种仓房防火措施。[①] 黔东南地区村寨中靠近溪水或在水上建造集体粮仓，已是常事，但在仓房与水面之间放置很多棺材，还是令人颇为震惊的。据村里老人介绍，登岑村里每出生 1 个小孩，其家人就会在自家山林里种下一棵树，并做上记号，成年人到 50 岁后，就可以砍下这

---

① 董书音：《南侗地区"带禾晾禾仓"的建造技艺及其影响因素初探》，《建筑遗产》2019 年第 4 期，第 78—85 页。

棵树做棺材，棺材做好后，就放在禾仓下的架空层（图3.7、图3.8），在他们的观念中，棺材与粮仓一样重要。放好棺材的那一刻，棺材的主人便已放下了生死执念。坦然对待死亡之事，感激自然的赐予，平静地看待生死轮回，从出生的第一天就种下回报和回归自然的生命之树，这或许就是一种自觉的自然生态观吧。

在采访中我们还了解到，侗族老人去世后，男性以绸缎丝织品制成长袍夹衣马甲等作为寿衣。女性则以自织的侗布为寿衣，其样式与普通衣服基本相同，只是不加纽扣，以布条代替。这种习俗在少数民族中较普遍，说明男性着装外化较普遍，而女性则坚守着本民族的生活方式。茅贡镇一带不用布条，而用一束青纱捆在死者身上，青纱的数目等于死者年龄。寿衣只穿单数，或五套或七套，白内衣青外衣者居多。

侗族还有一宝，这便是风雨桥。风雨桥又称花桥、福桥、廊桥，整体由桥、塔、亭组成，全用木料筑成。桥面铺板，两旁设栏杆、长凳，桥顶盖瓦，形成长廊式走道，是西南山区重要的交通设施之一。但各地风雨桥的具体形态及装饰则因族群文化不同而各有特色。第二篇调查记主要呈现的是巴拉河上的苗族进寨廊桥，现在我们就一起来看看侗族的风雨桥。

图 3.7 建在水上的百年禾仓

图 3.8 放在禾仓下的棺材

图 3.9 登岑村风雨桥

图 3.10 风雨桥里的"行歌坐月"者
（张鑫摄）

侗族风雨桥不仅是过河的交通设施，正如"行歌坐月"的最后一句"我等你在风雨桥"所言，它还是侗族情人相会、成人社交的场地之一，参加聚会的男女常常穿着民族盛装而来（图 3.9、图 3.10）。

2. 地扪侗寨

地扪侗寨位于登岑西南边，与登岑相距 1.5 公里。"地扪"为侗语音译，意为泉水不断涌出的地方。地扪村依山傍水，一条河流自西向东贯穿村寨与寨外梯田，把古老的村寨一分为二。地扪村为茅贡镇境内人口最多的一个村寨，河水养育了这方文化，留住了这个被喻为"时光边缘"的古老村落。地扪侗寨依山傍水，是侗族地区民族风情文化保存较为完整的古老村寨，全村共有 500 余户，2300多人口，全部为侗族。地扪村的建筑独具特色，以南方侗族风情的干栏式木楼为代表。平地上建起的是平地楼，水塘上的是矮脚楼，坡坎上的是吊脚楼。座座木楼层次分明、错落有致，由一条条幽深曲折的青石板巷道连接起来。由于交通不便，这里基本没有旅游开发的痕迹。

地扪人的祖先与登岑村侗族祖先一样，原本生活在珠江下游，后来为避战乱溯江而上，几经迁徙，于唐代来到地扪定居。他们勤劳耕作，丰衣足食，人丁兴旺，不久就发展到了 1300 户，但此时村寨却陷入人满为患的困境，于是村民们才开始往周边迁徙。这 1300 户就是最早的"千三"侗族，而地扪就是"千三"的"总根"，至今仍有"千三侗寨"之称。

地扪侗寨有着中国第一家民办生态博物馆，博物馆的资料中心为七座全木结

图 3.11 地扪村的资料中心

构建筑，全部采用当地木料与建筑风格，与村庄浑然一体，成为一个研究侗族文化的工作基地，收藏了众多与侗民生活相关的摄影作品（图 3.11）。

我们早就听说，只要了解地扪侗寨侗戏文化，就能找到地扪的服装文化。于是调研组进村后，便直奔主题人物，采访了地扪村党支部书记吴胜华先生，他也是侗戏非遗传承人。我们刚进村便看到了很多木屋吊脚楼，它们已经比较老旧，很有年代感，并且大多已经不再住人，因为木屋很潮，住着并不舒服，现在当作仓库用。吴胜华先生说整个侗寨就是一个生态博物馆，地扪寨里的所有文化都与侗戏和侗族大歌有关。确实如此。在我们进村经过的风雨桥的桥亭建筑梁上，就有张飞、赵云、关羽等三国人物画像，这些都是侗戏里常出现的人物，也是汉侗文化融合的最好见证（图 3.12、图 3.13）。吴胜华先生告诉我们：地扪村的人都热衷于侗族大歌和侗戏的传承，每年都会选出十几个小孩系统地学习侗歌和侗戏。吴胜华先生接着向我们讲述了侗戏的起源，他的学艺经历，以及侗戏的传承与发展。侗族戏剧创始人是他们的祖先吴文彩（1798—1845），清朝道光年间贵州著名的侗族戏剧家。他早年游历过汉族州府，看过汉族戏曲后受到启发，于是致力于创作侗戏。他把一人坐着自弹琵琶、自作自念、自唱叙事的侗族民间说唱艺术"嘎锦"搬上舞台，采用侗族服饰扮相、侗族语言道白、侗歌唱腔唱词和走倒"8"字形步调的表演形式，首创了具有立体美感艺术的侗戏。侗戏问世后很快就受到侗族人民的喜爱，并在侗族地区得到普及，传唱不衰，而且不断革新发展。吴文彩被称为侗戏鼻祖，也是汉侗文化交流先驱者之一。

1983 年，20 岁的吴胜华先生师承侗戏表演家吴胜章老师，专攻侗戏侗歌创

图 3.12 地扪风雨桥梁上的侗戏人物图
图 3.13 地扪风雨桥上哼唱侗戏的阿婆
图 3.14 侗戏《珠郎娘美》剧照（吴胜华提供）

作和表演。吴胜章老师 2006 年被认定为国家级非物质文化遗产项目代表性传承人，吴胜华先生则在 2012 年被黔东南苗族侗族自治州人民政府认定为州级侗戏代表性传承人。吴胜华先生后来更是不断地组织学生们学唱侗族大歌和侗戏。侗戏不仅能为本寨带来一定收入，但更主要的是荣誉，演员们在寨子里通常比较受欢迎，同时还是本寨和其他寨子来往交流的使者，尤其是能为男女青年交往提供重要机会。两个寨子之间相互邀请，犹如大国外交般隆重，往往要由寨老出面邀请；演员到别寨唱侗戏，一般也由寨老带队，并受到高规格礼待。2018 年和 2019 年，吴胜华先生受邀到湖南省怀化学院侗戏培训班讲授"侗戏作品的创编与韵律"等课程，并被聘为特聘教授和授课专家。2019 年 9 月，吴胜华先生的团队受北京君为仁和大型活动咨询管理有限公司张艺谋执导团队的邀请到北京国家大剧院参与演出。吴胜华先生创作的侗戏分别获得第二届、第三届、第四届侗戏汇演剧目评比"优秀剧目奖"，侗戏《精准扶贫》剧目获表演一等奖（图 3.14、图 3.15）。

图 3.15 侗戏颁奖仪式中的吴胜章（右 2）吴胜华（右 3）（吴胜华提供）

图 3.16 穿着民族服装的地扪侗族大歌童声合唱队（吴胜华提供）

除了侗戏外，吴胜华先生还介绍了侗族人最引以为豪的一件事。2009 年，黎平、地扪积极参与申报的侗族大歌成功入选《人类非物质文化遗产代表作名录》，联合国教科文组织保护非物质文化遗产政府间委员会评委们认为，侗族大歌是"一个民族的声音，一种人类的文化"。侗族大歌申遗成功后，新华网、人民网、中国民族报、中国文化报、贵州日报等国内主流媒体纷纷发表评论，认为侗族大歌的申遗成功是侗族文化对世界文化的重大贡献，是侗族同胞的骄傲，也是贵州人民的骄傲。申遗成功给濒临失传的侗族大歌以及相关传统文化注入了新的希望。侗族大歌申遗成功也有极富个性特色和辨识度的侗族民族服饰的功劳。同样，随着侗族大歌的保护和传承力度加强，侗族服饰文化也得到了推广和发展（图 3.16）。

3. 肇兴侗寨

肇兴侗寨是全国最大的侗族村寨之一，素有"侗乡第一寨"之美誉，是黎平侗乡风景名胜区的核心景区。肇兴侗寨占地 18 万平方米，居民 1000 余户，6000多人，村寨依山傍水、风景秀丽，拥有五个鼓楼、五座花桥、五个戏台，这些都是村民们休闲娱乐的场所。肇兴侗寨的鼓楼群最为著名，其鼓楼在全国侗寨中绝无仅有，已被载入吉尼斯世界纪录。[①]

鼓楼从外观来看像一座宝塔，飞阁重檐，气势雄伟，楼檐上绘有丰富的图案。以信团鼓楼为例（图 3.17、图 3.18）：最底层的楼檐描绘的是侗族人拦门时的情景，人们端着酒唱着拦路敬酒歌，还有人们唱侗族大歌的情景；第二层的正

---

① 黄琳:《绘就"诗与远方"的多彩画卷》,《贵州民族报》2022 年 12 月 30 日 A04 版。

图 3.17 肇兴侗寨信团鼓楼
图 3.18 信团鼓楼细节图

中间是双龙相对的雕像，这与许多侗族神话中的龙有所关联；再往上，有凤凰、鱼、鸟、鸡等图案。鸟和鱼与鼓楼颇有渊源。相传很久以前，侗族人看见一群鱼聚集在一起游泳，一群飞鸟也聚集在一棵树上，它们就像在商讨事情一般，由此，侗族人就觉得自己也应该建立一个场所，供大家聚集议事。因此，过去鼓楼的主要作用是给村民商量大事提供场所，而现在更多是供人休闲娱乐。鼓楼不论层数多少，都是奇数，这与汉族讲究好事成双的民族心理完全不同。

肇兴侗寨的夜晚很热闹，整个寨子灯火通明。自从侗族大歌列入联合国《人类非物质文化遗产代表作名录》后，肇兴侗寨就更积极展现出她"歌舞之乡"的那一面，不仅有露天喊麦的流行乐，还有各处的侗族表演，其中有些是义演，一群中老年侗族妇女相约于某处鼓楼，身着侗族服装，竖着发髻，佩戴上一朵鲜艳的花，围在一起唱歌，其中一位妇女领唱，其余的人接上，歌声美妙且分为三个声部。她们的表演更多展现的是放松和休闲，有手里抱着孩子的，有边唱边算账的，有在歌曲间隙与旁人聊天的（图 3.19、图 3.20）。这场义演对于她们而言更像是一场娱乐消遣。只可惜她们大多无法听懂汉语，因此我们难以与她们更深入地交流这场表演。

图 3.19　肇兴侗族鼓楼侗族大歌义演　　　　　　　图 3.20　肇兴侗族发髻

西汉文学家刘向曾在《说苑》中收录了一首《越人歌》，这是中国古代使用侗族语言记录的古老民歌。侗族大歌可能产生于春秋战国时期，至今已有 2500 多年的历史。宋代著名诗人陆游在《老学庵笔记》记载"男女聚而踏歌，农隙时，至一二百人为曹，手相握而歌，数人吹笙在前导之"，这就是侗族的"多耶"歌。明人邝露在《赤雅》中记载的"侗亦獠（僚）类，不喜杀，善音乐。……长歌闭目，顿首摇足"便是对侗族大歌演唱场景的生动描写。侗族大歌至少在 800 多年前的宋朝就已经发展成熟，在侗族南部方言区流行，并经过侗族先民代代口口相传，不断创作发展传承至今。①

最能表现侗族大歌高超演唱技艺的是"声音大歌"。这种歌多以自然界的鸟啼虫鸣、林涛流水之声为模拟对象，在侗族先民长期的实践中形成一套独特的声音表现方式。这一特点与侗族盛装中所绣的动植物图案遥相呼应，与侗族人民与万物和谐相处的自然生命观一脉相承。

如前所述，在侗族人心目中，万物有灵，他们认为无论是龙凤花鸟、山川河流，还是古树巨石、桥梁水井等等都能驱邪除害，都是崇拜对象，于是穿上附有这些图案的衣物，以祈求平安无灾，得到神的保佑。因此，在侗锦、侗绣、银饰品中有蛇图腾崇拜的∽纹、雷神崇拜的雷纹、河神崇拜的水波纹、鱼图腾崇拜的鱼的抽象图案，还有许多织锦中手牵手的人物花边图案（图 3.21—图 3.23）。从这些花纹图案中，我们既可以看出侗族图腾崇拜和祖宗崇拜的意蕴，又可感受到浓郁的乡土气息和民族特色。

---

① 廖少禹：《宰荡侗族大歌：惊艳世界的天籁之音》，《贵州政协报（综合副刊）》2019 年 08 月 23 日 A4 版，https://www.gzzxb.org.cn/doc/detail/2607/A4，访问日期：2023 年 2 月 7 日。

图 3.21　侗族∽纹背扣　　图 3.22　侗族包面花鸟图案　　　　图 3.23　服装刺绣

4．堂安侗寨

　　堂安侗寨位于肇兴侗寨以东 7 公里的山腰上，居住着侗族村民 160 余户，800 多人，整个侗寨被称为"堂安侗族生态博物馆"。随处可见的是引人入胜的梯田风景，满眼都是绿油油的（图 3.24）。这里的梯田不像别处用泥土垒成，因山形陡峭不似平地，所以用石头垒出。

图 3.24　堂安梯田

堂安侗寨与肇兴侗寨地理位置极为接近，堂安侗寨坐落于半山腰，肇兴侗寨则在山脚。走进堂安侗寨，从与当地民宿老板相谈中我们得知，自疫情暴发以来，游客减少了很多，而山下的肇兴侗寨交通便利，商业开发较好，还有不少游客，但是他们都不愿意上山到堂安旅游了，来的大多是乘坐当日往返于两个村寨的大巴车，基本都不会在堂安过夜留宿。我们在堂安留宿的当晚，全村停电，老板镇定地送来了红色蜡烛作为照明工具，阳台上可以望见远处山脚下的肇兴侗寨灯火通明，犹如繁华的大都市，而身处四下幽静安宁的堂安，偶尔听见田里的蛙鸣，仿佛居于世外，倒也别有一番风味。

堂安侗寨民风淳朴，大多数老人听不懂汉语，与他们打招呼，他们也只能微笑点头，年轻人比较热情，常坐在鼓楼里扇着扇子，与游客聊天。路边小卖部、小商店的老板也很乐意与游客闲聊，村中网红红糖冰粉店的老板娘，是从别村嫁到此处的汉族人，自嫁过来后因交通不便，几年都没有回过娘家，冰粉卖得好，她便觉得生活很是幸福。这儿的村民生活简单，也鲜少有什么娱乐项目，有时候会在村头路边看见阿婆们聚在一起，拨弦弹唱，自娱自乐，从笑容中可以感受到他们对生活的热爱和洋溢着的幸福感（图 3.25）。

堂安侗寨也与其他侗寨一样，有一个属于自己的鼓楼，巍然挺立于村落中心。在侗族村寨里，鼓楼不仅仅是一座建筑，也是人们喜爱的集会和议事的场所。更多的时候，它代表了一个浓缩的精神家园。

整个村子的娱乐场所主要是那唯一的鼓楼，鼓楼中有四条很长的木凳，中间有一个火塘，冬天人们会在火塘中燃火，再围着火塘取暖、唱歌（图 3.26）。

鼓楼的侧面有一个隔着水塘的戏台，过节时村民会在这里组织侗戏表演（图 3.27）。

侗戏大约在明末清初的时候才出现，这与上文提到的侗戏鼻祖吴文彩有关。因吴文彩是贵州省黎平县茅贡乡人，所以侗戏最早从黎平开始。

在侗族的多神信仰中，最重要的是萨崇拜。侗族人崇拜祖神"萨岁"，即原始时代的大祖母。"萨"，侗族的原意是母之母，"萨岁"有可能是母系社会的首领，后代逐渐将其神化并尊崇为部落的保护神。侗族地区至今仍然保留着祭"萨"的习俗。"萨坛"是侗族地区十分重要的承载侗族传统宇宙观和祖先崇拜的场所。萨坛与吊脚楼、鼓楼、寨门、风雨桥、歌坪、戏台共同构成了完整的侗寨民居建筑群。"未建房屋，先建鼓楼；未建寨门，先设萨坛""有侗寨必有萨坛"已经成为侗族建村设寨的惯例。堂安侗寨的萨坛（图 3.28）门上贴着对联"圣母

图 3.25　侗寨路口弹唱的阿婆
图 3.26　堂安侗寨鼓楼
图 3.27　堂安侗寨戏楼
图 3.28　堂安侗寨萨坛
图 3.29　堂安侗族穿有绣花的常服
图 3.30　侗族女子头饰

图3.25	图3.26	图3.27
图3.28	图3.29	图3.30

护村千财旺，萨岁护寨户户欢"，这就类似于汉族的春联。

　　堂安侗寨妇女平时主要穿着侗族的民族便装是一些有绣花点缀的常服，村里的人只有在过节或者表演的时候才会穿着盛装。盛装按季节分为两类，夏季盛装和春秋冬季盛装。我们到访时，堂安侗族大歌表演队正好穿着夏装（图 3.29）。这些表演者身穿白底对襟上衣，黑色短裙加上黑色绑腿，上衣领襟、袖口有以蓝色、红色间镶拼的刺绣花边，内有绣花胸兜。黑色绑腿上系有水蓝色带子，头上戴着许多银制簪花步摇，整体形象十分清爽靓丽，与寨旁的青绿山水极为相配（图 3.30、图 3.31）。这些盛装平时会用防潮纸等包好（图 3.32），压在柜子里，等有活动时再拿出来穿。

图 3.31 堂安侗族大歌表演　　　　　　　图 3.32 用防潮纸把刺绣盛装装好

　　侗族大歌，流行于贵州省黔东南地区的黎平县、从江县、榕江县等侗族聚居区和广西壮族自治区三江侗族自治县的传统音乐。多声部、无指挥、无伴奏是侗族大歌的主要特点。模拟鸟叫虫鸣、高山流水等自然之音，是大歌编创的一大特色，也是声音大歌的自然根源。侗族大歌的主要内容是歌唱自然、劳动、爱情以及人间友谊，是人与自然、人与人之间的一种和谐之声。1986 年，在法国巴黎金秋艺术节上，侗族大歌一经亮相，技惊四座，仅谢幕就达 37 次，被认为是"清泉般闪光的音乐，掠过古梦边缘的旋律"，并且从此扭转了国际上关于中国没有复调音乐（复调音乐：即若干旋律同时进行而组成有机整体的一种音乐形式）的说法。侗族大歌 2005 年进入第一批《国家级非物质文化遗产代表性项目名录》；2009 年，被列入联合国《人类非物质文化遗产代表作名录》，标准西文译名为 Kam Grand Choirs，Grand Choeur des Kam。[①]

　　侗族大歌无论是音律结构、演唱技艺、演唱方式，还是演唱场合均与一般民间歌曲不同，它是一领众和，分高低音多声部谐唱的合唱种类，属于民间支声复调音乐歌曲，作为多声部民间歌曲，侗族大歌的多声思维、多声形态、合唱技艺、文化内涵等等，在中外民间音乐中都极为罕见。[②]

　　侗族大歌源于春秋战国时期。至宋代，侗族大歌已经发展到了比较成熟的阶段；至明代，侗族大歌已经在侗族部分地区盛行了。侗族大歌的发展与其鼓楼的居住形式、好客的风俗习惯，以及侗族语言、服饰等有着分不开的联系。侗族大歌结构严密而精美，歌词押韵，曲调优美，歌词多采用比兴手法，意蕴深刻。表演侗族大歌时必须穿上最隆重的民族盛装。

---

① 《人类非物质文化遗产：侗族大歌》，黔东南州人民政府网，http://www.gzrd.gov.cn/gzwh/28645.shtml，访问日期：2023 年 2 月 8 日。

② 董静怡：《民间音乐》，贵州人民出版社，2017，第 30 页。

---○ **调查小结** ○---

侗族先民在先秦以前的文献中被称为"黔首"。一般认为，侗族是从古代百越的一支发展而来，在隋唐时期形成了单一的民族，其历史文化悠久。在地理位置、生活环境和资源条件方面，侗族要比苗族更好些，所以侗族有能力建造鼓楼这样精巧宏大的建筑，有能力组织大规模、高难度的侗族大歌和融汉侗戏曲表演、侗族服饰、侗族舞美于一体的侗戏，并把侗族大歌推上了世界文化遗产行列，成为中国第一个以民族命名的世界"人类非物质文化遗产"，与之形影不离的是侗族服饰。2014年，侗族服饰被批准列入第四批国家级非物质文化遗产名录。

侗族有南侗和北侗之分。服饰按季节分为两类，春秋冬为一类，以侗锦、亮布为主，挑花、刺绣等装饰丰富；夏季以白色侗布为主，刺绣装饰轻盈。黎平侗族属于南侗，本次调研正值夏季，所以年轻女子多穿白底绣花对襟衣，领襟、袖口有精美刺绣，对襟不系扣，中间敞开，露出绣花胸兜，下着青布百褶裙和绣花裹腿、花鞋，头上挽大髻，插饰鲜花、木梳、银钗等。老年妇女则着藏青或深蓝色上衣，配黑色长裤，盘髻，但不插银饰和鲜花，有时会扎包头布。

本次调查主要采访了地扪村寨的侗戏非遗传承人，在侗寨亲身感受到了侗族人民好客、热情、开朗的性格，聆听了侗族大歌的涤荡起伏，欣赏了歌手们清脆与浑厚灵活切换、自由出入的高超技艺。与天籁般的歌声融为一体的还有歌手们身上穿着的、具有浓郁民族气质的侗族服饰。本次调研最大的收获是对侗族文化艺术特色的整体感知，侗族大歌、侗戏、鼓楼、风雨桥、侗族服饰等都是侗族人民创造并融汇于中华民族优秀文化大花园中不可多得的一朵奇葩，它们是侗族人民敬重自然、享受生活、热爱生命的最好表达。

本次调查收集了侗族风景、建筑、人文活动、服装服饰、手工艺等多方面资料，包括照片368张、视频5分钟、录音12分钟，为下一步对侗族服饰及相关文化进行深度研究提供了素材。

四　新平花腰傣

中国傣族按分布地区有傣泐、傣那、傣亚[①]、傣绷、傣端等。西双版纳等地的傣族自称"傣泐"，德宏等地自称"傣那"，红河中上游新平、元江等地自称"傣亚"，瑞丽、陇川、耿马边境一线自称"傣绷"，澜沧芒景、芒那等地为傣绷支系。汉族称傣泐为水傣，傣那为旱傣，傣亚为花腰傣。2021年6月10日，《国务院关于公布第五批国家级非物质文化遗产代表性项目名录的通知》中，云南省玉溪市新平彝族傣族自治县傣族服饰（花腰傣）榜上有名，我们这次调研的对象便是新平花腰傣（图4.1）。

新平彝族傣族自治县（简称新平县）是玉溪市下辖县，位于滇中部偏西南，地处哀牢山脉中段东麓，距昆明市政府所在地137公里，距玉溪市政府所在地80公里。新平县常住人口26.14万人，其中彝族、傣族人口占全县总人口的65.4%，是中国最大的花腰傣聚居地，被誉为"中国花腰傣之乡"。明万历年间置新平县，意为新近平定之地。新平县东与峨山县毗邻，东南与元江县和红河州石屏县相连，西与普洱市镇沅县接壤，西南与普洱市的墨江县相连，北隔绿汁江与楚雄州双柏县相望。县城海拔1480米，平均气温在14～24℃之间，冬暖夏凉，四季如春。[②]

图 4.1 花腰傣女子（刀向梅提供）

---

① 也名傣雅。
② 《新平概况》，新平县人民政府网，http://www.xinping.gov.cn/xp/zrhj/20201027/1194193.html，访问日期：2023年2月8日。

傣族有"旱（汉）傣""水傣""花（腰）傣"之分，始于清代中叶。江晓林在《滇西摆夷之现实生活》[1]中写道：将傣族分为旱（汉）摆夷、水摆夷和花摆夷，系始于清代。据调研组所见史料，"旱摆夷""水摆夷"之称，最早见于清乾隆年间汤大宾的《开化府志》，该书卷九曰："旱摆夷……八里杂处，耕种为活。男服长领青衣裤，女布缝高髻加帕，其上以五色线缀之，结絮为饰，服短衣筒裙，红绿镶边。婚以媒，丧亦棺葬，其死者所用器皿悉悬墓侧，不复收回，若有格椁之意焉。""水摆夷，居多傍水，喜沐。男渡船，女佣工糊口。""花摆夷"之说则始于清嘉庆年间李祐的《诸夷人图（稿）》："花摆夷，普洱，属威远猛戛地方。性柔软，红白布包头，身穿白布短衣，女穿青花布筒裙。每年三月，男女混杂，敲梆打鼓，采花、堆沙、赕佛。好食生酸之物。"之后，这种叫法就陆续见之于史籍文献中。

花腰傣[2]是20世纪初其他民族对傣雅的称呼，属于壮傣语支，其内部又分为傣洒、傣卡、傣雅三个主要支系；现指居住在红河中上游新平、元江两县的傣族的一种共称。因其服饰古朴典雅、雍容华贵，特别是女子服饰的腰部会束一条长长的彩带层层束腰，挑刺绚丽斑斓的精美图案，挂满艳丽闪亮的银穗、银泡、银铃而名之为"花腰傣"。

我们此次调研从新平彝族傣族自治县的戛洒镇出发，拜访了傣绣非遗传承人刀向梅老师，参观了平寨"花腰田间"与台商企业联合建立的花腰傣民族传承馆，随后出发去到漠沙镇，在大沐浴村观摩了花腰傣服饰传承人杨秀美老师收集的傣雅支系服饰。经过实地调研，我们对花腰傣的生活环境、服饰文化艺术有了更深的认识。

1. 戛洒镇

戛洒镇是全国重点镇、玉溪市经济强镇。地处三州（市）（玉溪市、楚雄州、普洱市）、五县（新平县、元江县、墨江县、镇沅县、双柏县）的交通交汇处（图4.2）。戛洒镇最高海拔2400米，最低海拔510米，年平均气温17～23℃，呈明显垂直立体气候。抵达新平县后我们首先来到了花腰傣－傣洒支系聚居地戛洒镇，"戛洒"一词在傣语中意为"沙滩上的街子"，是满足人们日常商品贸易需求的场所。自古以来，戛洒就是茶马古道上的交易重镇，特殊的地理位置使它联通三州五县，昔日繁华至今也可窥一二。

---

① 江应樑著，江晓林笺注，《滇西摆夷之现实生活》，德宏民族出版社，2003年，第47页。

② 花腰傣：服饰渊源，新平县人民政府网，http://www.xinping.gov.cn/xp/mzwh/20151228/570252.html，访问日期2023年2月10日。

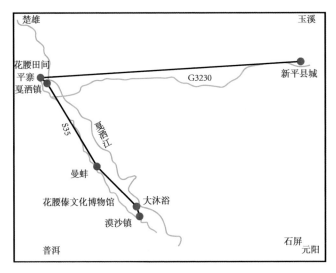

图 4.2　新平花腰傣调研路径

　　花街节是花腰傣的特殊节日，是花腰傣年轻男女交流择偶的重要节日。傣族花腰支系与西双版纳的傣泐支系、德宏地区的傣那支系不同，这一支系的傣族人不过"泼水节"，而赶"花街"（图 4.3）。花街节一年两次，正月举行的称为"大花街"，五月举行的称为"小花街"。图 4.4 中展示的是在戛洒镇泼水广场举行"小花街"的盛况。

　　到戛洒镇的第一天，我们就赶往了戛洒镇政府的文宣部，向文宣部的工作人员表明来意之后，工作人员给了我们负责少数民族特色旅游宣发的谢顺萍女士的联系方式，谢女士为我们安排了花腰傣民族展厅的参观与访问，也是在这次访问中，我们见到了刀向梅女士。

图 4.3　花街节赶花街的卜少（姑娘）

图 4.4　泼水广场举行的"小花街"（戛洒镇文宣部提供）

　　七月的戛洒，烈日高悬，风也显得倦怠，空气里充斥着黏腻的蝉鸣清晨，顶着烈日，我们步行抵达了戛洒小镇外围的文宣部大楼，文宣部大楼的展厅空调风力很足，这让我们原本紧张激动的情绪得到些许的放松。展厅开放的会客区里除了像我们一样来采访的学生，还有一些与政府对接有关花腰傣项目的工作团队。谢顺萍女士边向我们介绍展厅中不同团队开发的花腰傣特色产品，边将我们引入办公区，在那里文宣部的主任接待了我们："你们今天来得很巧，刀向梅老师正好在这里，可以一起聊聊！"说着就把刀老师请过来了。

　　刀向梅（图4.5）的傣名叫作"傣依琳"，是一位花腰傣刺绣的非遗传承人，她有一个以自己名字命名的服装品牌"傣依琳"。刀老师向我们讲述了自己的学艺及创业故事："我母亲和奶奶十一二岁就能独立绣花，她们那辈人都是自己织土布刺绣，这么做只是为了自己穿得更好看点。我10岁便开始跟着妈妈学习刺绣，12岁有了自己的刺绣作品，为了把长辈们传承下来的刺绣手工艺变成商品推向市场，才筹资成立了新平花腰傣手工艺品制作服务中心。以前，花腰傣的刺绣都是自绣自用，通过家族来进行传承。但很多年轻人觉得效益太低、花费时间太长而不愿意学习传统刺绣。现在，新平的刺绣手工艺品不再只是为家人或亲戚所用，而是成了游客喜爱的旅游商品，从原先一家一户作坊式经营到现在有组织的群体参与，越来越多的人开始加入刺绣行业，刺绣让群众走上了一条在家里守着民族文化也有经济收入的致富道路。2012年，我的刺绣作品获得了联合国杰出手工艺品徽章认证，随后就有了第一笔订单。这个时候我已经是花腰傣手工艺品开发协会的副会长，我就带领着大家一起加班加点地做，在规定的期限内完成了订单，虽然钱不多，但是我还是很开心，因为我们的产品终于有人认可了。现在有208名傣族绣娘，也就是全村三分之二的妇女都加入了我的中心。刺绣发展的同时还带动了戛洒、漠沙等周边地区农户开展竹编、织布、刺绣等民族手工艺品制作。今年我们引入了工业缝纫机和绣花机生产工艺，机绣产品又快又好，成本比手工下降很多，推出的产品也能让更多的人接受，能机绣的我们就用机绣，不能机绣的用手绣，这也是顺应时代的发展，在传承中创新。"

　　我们调研时，刀向梅工作室还没有专业的服装设计师，一些设计上的工作只能由她自己承担，同时商业项目的合作也需要她来对接，事情繁多冗杂，但她依旧坚持。刀向梅老师向我们介绍花腰傣刺绣的特点是"没有固定的图样，不需要描摹，只通过针法技巧的运用和色彩的变化，一针一线地把花腰傣族对大自然的崇拜融入自己的刺绣中，太阳、星辰、动物、植物等自然界中的存在都是创作灵

图 4.5　刀向梅女士（戛洒镇文宣部提供）
图 4.6　刀向梅工作室绣娘无绣绷绣花

感来源"。值得一提的是，与汉族及其他民族的刺绣形式不同，花腰傣刺绣在制作过程中并不使用绣绷辅助，而是直接以手托布直接制作，刀向梅工作室的傣洒绣娘也给我们展示了这一制作手艺（图 4.6）。

"男人看田边，女人看花边。"这句话反映了傣绣在花腰傣生活中的重要地位。傣绣是花腰傣嫁衣、节日盛装等的重要装饰。过去，花腰傣母亲从女儿出生开始就要计划为她制作嫁衣，毕竟制作一件上好的嫁衣，工序繁杂、耗时长，绣制也需五六年光景，这套来自母亲的嫁衣对花腰傣女性来说是一生最重要的一套服装。虽然现在有了更为物美价廉的机械化产品来帮助制作花腰傣服装，但在重大活动和事件中，如花腰卜少（姑娘）们的婚礼服等仍然是需要传统方式制作的。

在传承花腰傣民族服饰、民族工艺的过程中，为了让产品能够产生一定的经济效益，带动族人脱贫致富，刀向梅还将傣绣进行了文创应用，开发了一系列产品，从展厅里陈列的展品来看，刀老师的花腰傣服饰产品品类丰富，有一定的时尚感，织带、傣锦服装、手提包、饰品等都有，包含了传统的手工刺绣制衣，也有机绣小批量产品。这些创新应用给傣绣注入了新的生命力。疫情期间，刀老师也学会了网上营销，她利用自己的知名度开始直播带货，花腰傣的民族传统美食、竹编、陶器、特色瓜果都是她直播带货的内容。她不仅销售自家产品，还帮助族人一起售卖，实惠又有民族特色的产品销量可观，产生了不错的经济效益。

图 4.7 刀向梅工作室展厅　　　　　　　　图 4.8 工作室里的机绣绣带

现在刀老师已经是新平县人大代表、玉溪市人大代表，并荣获"玉溪市工艺大师""玉溪市傣绣非遗传承人"等称号，新平花腰傣手工艺品制作服务中心也入选文化和旅游部乡村文化和旅游能人支持项目，这一切都使刀老师对花腰傣文化传承与创新更加充满信心。

刀向梅老师带我们参观了她的展厅（图 4.7）。产品很丰富，有用传统工艺制作的花腰傣服饰，也有用机绣、机缝制作的改良产品和文创产品（图 4.8）。采访结束时，她建议我们去她的村子——平寨村走走看看。

2. 平寨村

平寨村是云南省新平县戛洒镇的一个建制村，地处戛洒镇西北面，距戛洒镇政府所在地 1 公里，到乡（镇）去的道路为柏油路，交通方便，距新平县城约 76 公里。

我们到平寨时正逢第二波水稻种植的时节，据村里人说，因气候原因，新平县种植两季水稻，一年两熟，同时会在田里养殖泥鳅，这是一种稻田生态养殖泥鳅的方法，是将水稻种植与泥鳅养殖有机结合在同一生态环境中（稻田浅水环境）的一种立体种养模式（图 4.9）。

农闲时，花腰傣女性也会自己动手染制面料，其纺织技艺十分精湛、古朴。旧时，由于花腰傣人居住地偏僻闭塞，生产生活落后，人们只能自纺、自织、自

图 4.9 平寨稻田

染、自制。因此，在花腰傣聚居地，几乎家家户户都有一台织布机。经排线、装"冯"（装"冯"是傣锦织造过程中的一个工艺，即选取需要织锦颜色的丝线，用一段段长约 20 厘米的芦苇秆做成十个圆线筒套在排线架上，把彩色丝线分别用纺线机绕在排线架的圆筒上，依次往上绕，线柱排开并用牛角勾装在设定织锦丝线根数的度量器"冯"上并调节好织锦宽度（如图 4.10），绕线、上织布机等工序纺织成布（图 4.11）。

图 4.10 织女正在排线装"冯"　图 4.11 平寨妇女正在织布（戛洒镇文宣部提供）

　　据了解，平寨妇女常用的蓝染料都是自己做的，该染料的制作及使用有 6 个步骤：1）割取紫云树叶、板蓝根茎干枝叶，敲打去灰；2）将茎干枝叶放入盛水的大水桶或水池容器中发酵 8 ～ 10 天；3）向发酵容器中投入石灰并搅拌，使其沉淀成为蓝染浆状物；4）将浆状物滤去杂质及水分，得到天然物质靛蓝染料；5）把织出的布料放在染料中染色；6）晾晒染布，布干后便可做成漂亮的衣服、床单、被子等物品（图 4.12）。

a. 妇女采叶　　　　　　　b. 浸叶发酵　　　　　　　c. 加石灰

d. 成染膏　　　　　　　　e. 染布　　　　　　　　　f. 晾晒

图 4.12 平寨紫云树叶、板蓝根茎干枝叶染料制作过程（戛洒镇文宣部提供）

　　此外，村民还提到了两种现在已经很少见的染织技艺：其一，他们把一种叫"黑心树"的皮及一种树枝共同熬成红黑色的汁液，直接浸染土布。有关这种染法，调研者还专门请教了刀向梅老师，她补充说，除了黑心树，还可使用其他几种植物的汁液一起来染制布料，但不是采用直接浸染的方式，而是先将布料放在染料中煮，随后放到田间的泥土中固色，最后晾晒完成布料的上色。其二，新平花腰傣有一种获取天然纤维的办法，就是把一种树皮埋在牛屎中，待树皮腐烂后就可用其纤维织袋、织布。这种原始的纺织技术至今还保存在戛洒民间。

　　这两种染织技艺，"新平花腰傣国际学术研讨会"上王国祥的报告《生态视角下的新平花腰傣文化》[①]中也提到过。

① 　王国祥：《生态视角下的新平花腰傣文化》，新平县人民政府网，http://www.xinping.gov.cn/xp/mzwh/20151228/570252.html，访问日期：2023 年 2 月 10 日。

3. 花腰田间

新平县围绕打造"中国花腰傣文化旅游目的地"的发展定位，进一步加大花腰傣民族文化保护传承和开发力度，由新平汇达文化旅游产业发展有限公司在戛洒镇最大的花腰傣聚居村寨平寨社区平寨小组建设了集居住、生产、传承、文化旅游、体验于一体的花腰傣传统民居民俗传承项目基地——"花腰田间"。在这里，我们有幸见到了项目负责人吴国荣先生。据吴国荣先生介绍，他的团队复刻了花腰傣的土掌房、稻作梯田等生活场景，并且邀请花腰傣民间手工艺人集中入驻，规划出民族传习馆，集中展示花腰傣刺绣、纺线、织布、竹编、土陶、古法红糖等手工艺。

新平县戛洒镇花腰傣土掌房，是在长期的发展过程中借鉴其他民族特色土掌房构造方式和材质的基础上，融入当地独有的风俗、人文地理等特点而形成的一种傣族民居。这种土掌房既区别于传统的其他民族土掌房建筑，也与滇西、滇南傣族的干栏式建筑有所不同，展现着当地各民族交流交融的历史，形成了独特的戛洒镇特色村落建筑景观。土掌房均由无数块矩形砖块堆砌而成，整体呈方正的外形，有多扇小小的木头窗户，并有着独特的平顶，淡褐色外墙（图4.13）。

土掌房实际上是一种干栏式建筑，结构简单而扎实耐用，为了适宜所在山区缺乏平地的农耕生活，就在土掌房梁架上横加铺木，铺木上放入松木劈柴，再以山草活泥，黏性土摊平锤实，形成一种平顶式建筑，平顶上可晾晒谷物和衣服。这样坚固的梁架和铺木设计，使房顶可晾晒几十担或者上百担的谷子。而房顶在农闲的夜晚又成了男女青年谈情说爱、跳舞唱歌的好场所。

在"花腰田间"项目基地里，随处可见穿着花腰傣民族服装的人来来往往，开展各种活动，有一种置身于真实民族村落的感觉（图4.14—图4.16）。

图 4.13 新平"花腰田间"土掌房俯瞰图　　　　图 4.14 "花腰田间"的活动场景

图 4.15 "花腰田间"里的花腰卜少

图 4.16 "花腰田间"展厅
（图 4.13—4.16 由"花腰田间"项目
旅游部提供）

4. 漠沙镇

结束戛洒镇的考察之后，我们继续前往漠沙镇，这是花腰傣－傣雅支系聚居的小镇，在漠沙镇宣传文化服务中心主任白剑老师的引荐下，我们去拜访了花腰傣服饰制作传承人——杨秀美老师。

杨老师家住漠沙大沐浴小组，从小就喜欢针线活的她，传承了花腰傣传统手工刺绣技艺。她从 8 岁开始刺绣，10 多岁就会做一整套（刺绣），后来还成立了自己的花腰傣服饰制作工坊，她制作的花腰傣刺绣服饰很受欢迎，在当地已经有一定的知名度和影响力。"我们寨子里的（妇女）看到我们做起来后也开始做了，我教她们技艺，她们从我们这里拿样品去学着做，经过一段时间学习后，她们也可以做产品了，我们忙不过来就叫她们帮忙。以前，我们自己绣自己穿，现在来我们村游玩的游客多了起来，经常有游客购买我们的衣服。"说完，杨老师还拿来一套花腰傣服装给我们体验（图 4.17）。只见调研组的一位成员先穿一件无领无袖右襟内褂，前胸有条纹织带装饰；外套为黑底无领无衣襟，比内褂稍短，左右两边到颈部镶有一排宽约两寸的银泡，袖口由各色绸缎衔接而成；下穿两条筒裙，那一条条色彩鲜艳的花边在裙子上端缠绕数圈做装饰腰带，只差把银饰挂上。穿上后整体感觉有张有弛，长短相配，很显身材，比较有仪式感。

图 4.18 画面中两位傣家女的帽饰并不相同，那是因为在傣雅支系，已婚和未婚妇女头饰并不相同。已婚妇女是用一条宽约两寸的青布头帕将头发层层包住，再用一条两头有红缨的青花布条将一块红条花布包扎在上面，扎成一个高耸的头型。而年轻的未婚卜少则会将头发系于脑后，戴上一串串银泡（图 4.19）。

图 4.17 杨老师给调研组成员试装

图 4.18 杨老师在传授工艺

图 4.19 傣洒小卜少帽饰（未成年人只包裹住头顶发髻，并不覆盖住额头）

　　成年的花腰傣女性头上的是另一种篾帽，傣语叫"戈"，因形似鸡枞菌，故称"鸡枞帽"（图4.20、图4.21）。杨老师还向我们介绍了鸡枞帽的来源：传说天神匹斯的小女化身小黄牛，与一位叫喃嘎的孤儿相爱而又不得不分离，在即将消失的时候，仙女取下头上戴着的鸡枞帽抛下人间。金色鸡枞帽飘在一位赶路的卜少头上，那个卜少便变得和仙女一样美丽、善良、勤劳，她找到喃嘎并与之成婚。从此，花腰傣卜少就有了戴鸡枞斗笠的习惯。这个风俗一直流传至今。

　　鸡枞帽极具艺术性，是用竹子编制而成的，工艺十分精湛，程序复杂，设计感强，不仅可以用来遮阳挡雨，还具有很强的装饰效果。鸡枞帽在傣雅、傣洒、傣卡的造型各异。傣雅的鸡枞帽就像倒扣在头上的野生大鸡枞，傣洒造型则如斗笠（图4.22）。

　　傣雅已婚妇人通常上身穿无袖右襟内褂，前胸挂着成排的银泡，衣领由一条宽约两寸、镶满银泡的布条沿脖子往后反搭而成，外衣为无领无襟的青色短衫，

图 4.20 花腰傣（傣雅）的鸡枞帽（左）与鸡枞菌（右）

图 4.21 花腰傣（傣亚）的鸡枞帽　　　　图 4.22 造型如斗笠的傣洒帽

可以将内褂的银饰露出；下身穿筒裙，裙摆有五色花边。这里的傣族妇女一次要将数条裙子叠穿，一条比一条高，还要将里面的一条花摆露出来；腰间系上一条花腰带；身后用一块镶满银饰、缀满红缨的布块叠成三角形围在腰上，用青色布包在腿上作为绑腿，出门帽檐向上（图4.23）。

年轻的傣雅未婚卜少，内衣为右襟无领无袖短褂，左前方镶满银泡，外衣为无袖无领衣，用红、绿、紫色绸缎制成；下身穿黑色筒裙，裙端有各种图案；腰间系有一条五色花布带。与已婚妇女不同，她们是用白布在小腿上打成绑腿，出门帽檐向下。

图4.23 从左到右依次为：现代盛装、典型盛装、嫁衣（着装者为调研组成员）

小贴士

花街节有两种，一种是群众游园式的交流盛会，主要流行于云南的花腰傣和文山壮族群众中；一种是云南宜良的花市。两种花街节时间和形式各有不同，但都有着其独特的魅力。花街节是花腰傣的特殊节日，因为它是青年男女交流择偶的重要形式，当地称为"赶花街"，被称为"东方的情人节"。

──●调查小结●──

新平花腰傣是人们对于红河谷中傣族支系的美称，其服饰古朴典雅、雍容华贵，包括精美的刺绣、缀满琳琅满目的缨穗银饰、别具一格的鸡枞帽和斗笠，以及女子腰间层层缠绕的色彩斑斓的腰带而名闻天下。此外，还有被誉为"东方的情人节"的"花街节"活动。其浩大的声势、丰富的形象、独特的情感交流方式，令人叹为观止，也引起很多专家学者关注。其中，邵献书教授的博士生李银兵的博士毕业论文《云南新平花腰傣花街节研究》对此进行了深度系统性研究。

李银兵博士的研究力求从现代的田野延伸到久远的过去的历史，把历时和共时的研究视角结合起来去全面展示新平花腰傣的花街节文化。王铭铭先生曾提到，无论是历史学者还是人类学者，我们面对的使命是共同的，即我们共同需要从时间的或空间的"异邦"中提取对于过去人们生活的理解，从对于别人的理解获得对于我们自身文化的反省。① 笔者以为，这种"他山之石，可以攻玉"的过程，不仅仅可以"获得自身文化的反省"，更可以从反省中得到新的发现和升华。这是至今中国少数民族生活方式中尚可以为当代中华民族文化提供活化的古今观照最宝贵的地方，也是调研组这几年来孜孜不倦倘佯在西南民族地区的乐趣之一。

本次调查中令我们欣喜的是，西南民族地区不仅有像杨秀美这样老一辈的民族艺人在坚守着本民族优秀传统文化技艺，还有像刀向梅这样年轻的后起之秀，她们已经举起了民族传统文化传承、弘扬的大旗，因为土生土长、因为年轻、因为热爱、因为接受过现代教育，所以敢于对传统文化和技艺进行科技引入与改造，大胆创新与实践。这在西南民族地区是一种难能可贵的新气象。

本次调研组走访民族服饰文化非遗代表人，咨询了政府宣传部、文化站的多位工作人员，共收集影像资料1小时左右，图像1361张，录音若干，为后续对花腰傣服饰展开研究提供了丰富的一手素材资料。在此向调查过程中帮助我们的新平县各位民族非遗老师、各位乡镇干部、"花腰田间"负责人以及热情的村民们致以诚挚的谢意。

---

① 王铭铭：《逝去的繁荣——一座老城的历史人类学考察》，浙江人民出版社，1999，第395页。

五　元阳哈尼族

哈尼族，其义"和人"，东南亚称阿卡族，民族语言为哈尼语，属汉藏语系藏缅语族彝语支。主要分布于中国云南元江和澜沧江之间，聚居于红河、江城、墨江及新平、镇沅等县，人口173.31万[①]，人口位居云南省少数民族第二，信多神，崇拜祖先。

哈尼族是古羌人南迁部族的一个分支，公元前3世纪因战争等原因再度迁徙，进入云南亚热带哀牢山中。7世纪中叶，唐朝在给云南各族首领的敕书中列入了"和蛮"首领的名字，"南诏""大理"地方政权建立后，其东部的"三十七蛮郡"中，"官桂思陀部"等四部都居住在今天哈尼族聚居的红河地区。10世纪（大理国时期），开始进入封建社会。20世纪初，红河南岸哀牢山区逐步改土归流，推行区、乡、镇制度，但土司区仍为"流官不入之地"，土司制度仍然完好无损。1949年新中国成立后，土司封建领主制度被废止。

哈尼族文化以哀牢山和红河流域为中心，向周边蔓延扩展。哈尼族在哀牢山的山脊上，创造出了惊艳世界的梯田文化奇观和多彩的民族服饰文化（图5.1）。

图 5.1 哈尼族盛装（来源：春城晚报 2019 年 9 月 23 日第 8 版）

---

① 国家统计局：《中国统计年鉴 2021》，中国统计出版社，2021，第 56 页。

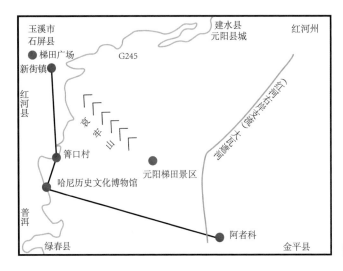

图 5.2 元阳哈尼族调研路径

元阳县是云南省红河州下辖县之一，县境位于云南省南部，哀牢山脉南段。红河南岸元阳县世居哈尼、彝、汉、傣、苗、瑶、壮 7 个民族，全县总人口459610。少数民族占 89.9%，其中哈尼族占总人口 55.5%，彝族占 23.4%。[①] 元阳是哈尼族世代聚居之地，除了传统哈尼族风土人情外，还有作为红河哈尼梯田的核心区的元阳梯田广为人知。

1895 年 1 月，法国人亨利·奥尔良以红河地区为中心，从河内坐船溯红河而上到蛮耗，经思茅、湄公河流域，入大理、蒙化（今巍山县）等地进行考察，并出版了《云南游记：从东京到印度》，对这次探险沿途所遇的少数民族服饰、风俗、生活习惯、建筑特点乃至宗教信仰、文化艺术、来源迁徙等方面，都做了大量的记录。

本次调研沿着当年奥尔良等西方人经过的地方展开，目标是对新街镇、箐口民俗村、大渔塘村阿者科等几个主要村落的传统哈尼风情、民族服饰、梯田文化、哈尼古歌等多方位展开调研（图 5.2）。

我们从红河州建水县出发，大巴顺着山路盘旋向上，约四个小时后终于到达了海拔 2000 米左右的新街镇。

---

① 《2021 年元阳县社会经济发展概况》，元阳县政府网，http://www.hhyy.gov.cn/mlyy/yygk/202207/t20220713_593837.html，访问日期：2023 年 2 月 10 日。

图 5.3　层叠的元阳哈尼梯田风光

1. 新街镇

新街镇位于元阳县中部，东与嘎娘乡相连，西与牛角寨乡和马街乡接界，南与攀枝花乡接壤，北邻南沙镇。新街是元阳县的老县城，也是梯田风景区的所在地，因为海拔足够高，所以在新街镇的一些房子屋顶就可以拍摄到周围的绮丽景象，可以看到云海、梯田、山寨、日出等，俯瞰起来真有"云顶天宫"之感。新街也因其终日云雾缭绕，被人们赋予了"云雾山城"的美称（图 5.3）。

元阳梯田规模宏大、气势磅礴，绵延整个红河南岸的红河、元阳、绿春、金平等县，仅元阳境内就有 19 万亩梯田。2013 年，在第 37 届世界遗产大会上，红河哈尼梯田文化景观成功被列入《世界遗产名录》，成为我国第 45 处世界文化遗产。哈尼梯田是哀牢山区以哈尼族为代表的各族人民在千百年勤奋劳作中开创的一套文明系统，是中国山区稻田农耕的典范，更是中国人工湿地的不朽经典。

元阳哈尼梯田记载着哈尼族人 1300 年来的田园牧歌，是一场光与影的视觉盛宴。每年的 11 月到次年 3 月是梯田的灌水期，也是最佳观赏期。梯田田埂曲折连绵、层层叠叠，不同光线折射下的梯田美不胜收，人们称其为"上帝遗落的调色盘"。

2. 箐口村

新街镇上交通不太方便，通行多依靠小篷三轮车，但随着旅游业的发展，镇上逐渐出现了许多方便游客骑行的共享电动车，这着实让我们的调查便利了不

图 5.4 箐口村

少。我们骑着电动车穿梭在山间的小路，按导航顺利到达了箐口村。

　　箐口村（图 5.4）位于新街镇南部，是典型的单一哈尼族聚居村寨，土壤以黄色赤红壤和黄壤为主，耕地土壤有机物含量少，农作物以传统水稻为主。其位于红河哈尼梯田的核心地带，具有经典的山林—小溪—村寨—梯田哈尼四素同构景观，充满浓厚的原始农耕气息。随着哈尼文化旅游的升温，旅游业逐渐成为箐口村的支柱产业。

　　整个村寨位于半山腰的坡地上，远远望去，村寨的外轮廓几乎是方形。村寨中心的广场是村民们的活动中心，摆放着几面铜鼓，每逢节日，村民们就会敲响铜鼓，祈求风调雨顺。

　　广场北临浩瀚梯田云海，寨脚有古老的祭祀场地。人们如果遇上"苦（kū）扎扎"节（六月年），便能看到哈尼人祭祀、打秋千等欢庆节日的场面。随着红河哈尼梯田文化景观被列入《世界遗产名录》，政府与民间都加大了对传统民间文化与技艺的挖掘、保护、传承力度。这些传统民艺主要有棕扇舞、磨秋、打秋千、长街宴、昂玛突节（即国家级非物质文化遗产代表性项目"祭寨神林"）等（图 5.5）。

　　进入村里，我们看见有一些老人在路边做手工，上去一问，才知道这是在用传统打褙子的工艺编织缨穗（图 5.6）。这些褙子是年长、已婚妇女常佩戴的头饰，她们习惯把长发编织盘绕于头顶，佩戴土布制作的头巾，缀于额头前部，头顶缠绕手工钉制的银泡布带。她们有时会将戒指、耳环等首饰作为装饰垂于头巾

图 5.5 元阳哈尼摩匹（祭司）正在做法
图 5.6 村寨里打褙子的妇女
图 5.7 村寨里穿常服的妇女

之上，这样除了有美观装饰效果外，亦是富有的象征。

箐口村的哈尼族女性平时穿传统日常服装（图 5.7），上衣长及腰部与臀部之间（也有的样式衣襟长及大腿中部）。立领斜襟右衽，立领高约 2 厘米，以黑色纱线沿立领边沿镶边，在立领上镶白色或黑色边线。两侧腋下开衩，衩高约 20 厘米。在右锁骨和右腋窝下方，分别钉几对布扣、银币、银饰作为纽扣装饰。领省边沿、斜襟边沿和袖口边沿均绣边线。箐口村老年女性的上衣通常以黑色或藏青色布料缝制而成。除了在领省边沿、斜襟边沿和袖口镶绣黑色或藏青色等深色边线作装饰外，极少绣别的装饰纹样。下装多以长裤为主。哈尼族年长者还会穿自家织染的土布做成的上衣，上衣纽扣是类似银圆的扣子。

顺着村子的主干道走到底，便能看到箐口村的民俗博物馆（图 5.8），即民俗村村史馆。箐口村民俗博物馆收录着许多哈尼族人传统节庆的场景以及许多哈尼族特色的歌舞形式、服装样式、生活习俗等等，是一张哈尼族文化的活地图。

民俗博物馆门口挂着两面大大的日月牌装饰，这是哈尼族吉祥物之一，通常会被制成小的装饰物佩

图 5.8 箐口村民俗博物馆

戴在妇女或儿童身上，里外两个圈分别代表月亮和太阳，中间小的圆形凸起代表宇宙星辰，日月盘上的四种物象和哈尼人信奉万物有灵、崇拜自然有关，也与哈尼梯田稻耕鱼作的生态特点有关。其中，鱼是哈尼族的造物神，白鹇鸟是哈尼族的光明神，螃蟹是哈尼族的水神，青蛙是哈尼族的天气预报神（图 5.9、图 5.10）。

博物馆负责人向我们介绍：这里处于 19 万亩红河哈尼梯田的核心区，自 2000 年启动红河哈尼梯田文化景观"世界申遗"以来，元阳县政府就把箐口村作为红河哈尼梯田文化景观进行申遗过程中所打造的第一个民俗村落，是政府向世界推出的第一张哈尼族民俗文化名片。2013 年，云南省红河哈尼族彝族自治州元阳县所代表的哈尼民族村寨、灌溉系统、水源林及水稻梯田以"红河哈尼梯田文化景观"之名被列入《世界遗产名录》，成为第一个由少数民族命名的"世界遗产"项目，其开发价值不言而喻。

图 5.9 民俗博物馆门口的日月牌   图 5.10 日常佩戴的日月牌

哈尼梯田历史悠久，据汉文字史料相关记载就已有 1300 年以上的历史。明代大农学家徐光启将梯田列为中国农耕史上的七大田制之一。哈尼梯田内为森林—村寨—梯田—江河水系四素同构的生态系统，它既是人文景观，也是自然景观。哈尼梯田体现了人与自然和谐发展的独特创造力，是红河各族人民创造的农耕文明奇观，是中国稻米梯田的优秀代表，被人类学家赞誉为人与自然和谐互动、完美结合的典范。

博物馆负责人还向我们介绍了馆中收藏的哈尼族节庆资料，对哈尼族各种节庆活动的主要内容形式做了讲解：

"哈尼哈巴"（图 5.11）是哈尼族社会生活中流传广泛、影响深远的民间歌谣说唱艺术，内容涉及哈尼族古代社会的生产劳动、宗教祭典、人文规范、伦理道德、婚嫁丧葬、衣食住行、文学艺术等，是世世代代以梯田农耕生产生活为核心的哈尼族教化风俗、规范人生的百科全书。

"棕扇舞"（图 5.12）是一种古老而神奇的舞蹈。红河县哈尼族有一个与之相关的民间传说：远古时候，一位叫"奥玛妥"的先祖母要将棕扇舞教给中老年妇女，但未教完先祖母就升天了。先祖母的拐杖插在村头，长成了参天大树。人们把它看作先祖母的化身，每年农历二月属牛或属虎日，全村妇女都会去"神树"下祭祀先祖母，同时跳起棕扇舞。现在哈尼族的棕扇舞逐渐淡化了祭祀成分，发展为既可用于祭祀仪式也可自娱活动的舞蹈，不仅出现在祭祀、丧葬时，逢年过节、农事休闲时也可看到。

"长街宴"（图 5.13、图 5.14）是哈尼族的一种传统习俗。在昂玛突节（祭寨神林）当天，家家户户都要做黄糯米等近 40 种哈尼族风味菜肴，准备好酒，抬

图 5.11 祭祀时的哈尼哈巴（由箐口村村史馆提供）   图 5.12 棕扇舞（由箐口村村史馆提供）

图 5.13 长街宴（由箐口村村史馆提供）   图 5.14 哈尼哈巴活动中的乐手

到指定的街心摆起来，每家每户桌连桌沿街摆，形成一条几百米长的街心宴，这也是中国最长的宴席。

　　我们有幸采访到了箐口村哈尼族哈尼哈巴说唱艺术的传承人、大摩匹李正林先生（图 5.15）。在哈尼族文化中，祭司又叫摩匹，是可以通神的人物，拥有驱神撵鬼、治病消灾的能力，也是哈尼族文化的重要代表，格外受到族人们的尊重，具有很高的威信。由于哈尼族在历史中并没有自己的文字，所以文化的传承多依靠摩匹世世代代口耳相传。传说在远古时代，天神烟沙在三块神田中栽出三颗种子，吃下第一颗的人会变为头人，吃下第二颗的人会变成祭司，吃下第三颗的人会变成工匠，摩匹便被认为是三种能人之一。李正林先生的祖先，一直到祖父和父亲，都是摩匹。他从二十岁开始独立祭祀，摩匹需要掌握的知识体量十分

图 5.15 箐口村大摩匹
李正林先生（贾冬婷提供）

庞大，包括本族的神话故事、历史传说、文学艺术、宗族习俗、婚丧习俗等等，时至今日在村寨中依然具有举足轻重的地位。

在采访中我们了解到，传统节庆习俗和民族文化正在逐渐没落。在以往的哈尼节庆时，全村会一起欢聚庆祝，街上热闹非凡，长街宴贯穿村庄街道，一桌接一桌摆满，亲戚朋友共同举杯庆祝，吟唱古歌，节日景象如长龙般蜿蜒壮观。而如今，村中的年轻人越来越少，每逢节庆，人们更乐意关上门来各自庆祝，一些繁琐的传统习俗也很少有人去张罗。说到此处，李正林先生难掩惋惜和无奈。这也引起了我们的深思，保护民族文化的延续与传承不仅是专家学者应该聚焦研究的课题，也是我们年轻一代应该承担的责任和义务。

小贴士

哈尼族宗教在村民日常生活起着非常重要的作用。在村寨日常生活中，无论公祭还是私祭仪式，都会请摩匹（祭司）和咪谷（寨老）扮演最重要的角色。摩匹主要负责村寨丧礼之事，由于哈尼族没有文字，又因历代文化传承之需，摩匹需掌握丰富的创世史诗、迁徙神话、文学艺术、村寨习惯法、各家族"父子连名"等地方性知识，属于负责村寨丧礼、驱邪等"阴性"之事的文化精英和集大成者。咪谷主要负责村寨祈福、祭祀等"阳性"事务，是献祭大地的主祭人。还有一类专为他人占卜的女巫"尼玛"，据说可以行走阴间招领他人失落之魂，并能通晓神灵所需祭品，解决村民不如意之事。"摩匹—咪谷—尼玛"三元一体的神圣社会文化结构铸就了村寨地方性空间关系结构形态，三者功能有别，各司其职。①

3. 阿者科村

云南红河元阳梯田地区是哈尼族居住的地方，阿者科是这里依旧保持着哈尼族原生态的村寨之一。该村已入选中国传统村落名录，村里 60 多栋茅草屋顶的哈尼族特色建筑"蘑菇房"，被国内外专家们认为是保存最为完好的哈尼族建筑群。2019 年，阿者科村成功入选第三批中国美丽休闲乡村。阿者科村是神秘的也是纯净的，它凝结了千百年来哈尼族人民的智慧。正是因为一代一代人保护传承，阿者科村才保有了原汁原味的哈尼族民族风貌（图 5.16）。

如今的阿者科是文旅发展的核心地域。看惯了城市的车水马龙，这里的远山

---

① 郭文：《神圣空间的地方性生产、居民认同分异与日常抵抗——中国西南哈尼族箐口案例》，《旅游学刊》2019 年第 6 期，第 96—108 页。

图 5.16　晨雾中的阿者科（来源：阿者科公众号）

绿野给予了我们无限的宁静。随着文化旅游的发展，有许多哈尼族年轻人也积极参与自己家乡的建设，出于保护传统和文旅发展的需要，村中的哈尼族人基本都穿着哈尼族服饰。与箐口村不同的是，因为年轻人的增多，所以阿者科的民族服装大多经过改良设计，花纹装饰十分丰富，不局限于传统的几何纹样，出现了很多时尚的变形花草图案，整体色彩也鲜艳许多。

　　在阿者科，还有一批人仍在从事打褶子、染布、纺织等传统手艺行业。这既是为了配合阿者科旅游产业的需要，同时也是本地中老年人就地增加收入的渠道。在旅游业的带动下，以往冷清甚至快要消亡的传统技艺得以重焕生机。我们在临街的一户人家门口看见几个中年妇女正在缝头饰上的银泡（图 5.17）。看到我们，阿婶们显得很害涩，悄悄坐正，一颗颗认真缝了起来，针线上下穿梭着，很快，一排排整齐的银泡像星辰般浮现在黑色布料之上。完成的银泡牌下方还要垂

图 5.17　在阿者科街道边缝银泡的哈尼族阿婶

坠缨穗，我们看到有的缨穗上挂着银戒指，便问阿婶这是否有什么寓意，阿婶有些自豪地说，对于哈尼族来说，头饰上系自己的首饰，比如戒指、耳环，是富有的象征，银饰越多，则表明生活水平越好。旁边的阿婶接话道："说明我们阿者科日子过得相当不错嘞！"说罢大家一并笑了起来，我们也被阿婶的可爱笑声所感染。这种传统手艺让时光慢了下来，似乎在向来访者诉说着哈尼族人对生活的真实态度。

带领我们参观整个村落的是一位哈尼族大姐，她性格非常开朗，表现出一种哈尼族人的乐观态度。从村口接上我们后，顺着村中的石板路，大姐一路如数家珍般向我们介绍每一个标志物的来历与意义。她告诉我们，阿者科具有非常高的生态、历史、文化价值，而政府对文化遗产保护和文化旅游发展的大力扶持则更是带动了当地的经济发展。村中的旅游收益采取分红的形式，每家每户村民分红能够占据百分之七十，"绿水青山就是金山银山"在这里成为现实。我们离开阿者科时也正值夕阳西下，红色的落日映得梯田格外惊艳，放眼望去，染布的哈尼族女子、劈柴的哈尼族男子，伴着鸟语花香，整个阿者科展现出一副和谐共处、绿意盎然的美妙景象。

（1）哈尼族寨门

进入村寨蘑菇房建筑群之前，必经哈尼族寨子的大门（自然门），哈尼族寨门"刀枪林立"，装饰着诸多辟邪用的"鬼目"（米字形篾片），显得十分奇异肃穆（图5.18）。哈尼族人认为寨门是人与鬼的分界线，寨门以内是人的世界，是安全的，寨门外是鬼神的天地，是危险的。

（2）哈尼族蘑菇房

哈尼族文化中最有特色的建筑就是蘑菇房，因外形酷似蘑菇，故名蘑菇房（图5.19、图5.20）。蘑菇房造型给人一种新奇的感觉。房子主要以土石混合并堆砌而成，具有福建土楼的特色，以干草为顶，这样可以起到冬暖夏凉的效果。相传远古时，哈尼族人住的是山洞，山高路陡，出门劳作很不方便。后来他们迁徙到一个名叫"惹罗"的地方时，看到满山遍野生长着大朵大朵的蘑菇，它们不怕风吹雨打，还能让蚂蚁和小虫在下面做窝栖息，于是就依样盖起了蘑菇房。

（3）哈尼族"山神水"

村里有一"山神水"景点，是位于主干道边的一处公共水井。井边木牌介绍道：哈尼人认为万物有灵，水是神灵给予的生命血液，而森林和大山是水的家，只有注重保护森林、大山及其一草一石，才有清澈甘甜自然的水。此井水来自大山深

图 5.18　哈尼族寨门
图 5.19　蘑菇房外观
图 5.20　蘑菇房内部
图 5.21　山神水
图 5.22　接"山神水"饮用的哈尼族女子

	图 5.19
图 5.18	———
	图 5.20
图 5.21	图 5.22

处原始森林，无污染纯生态，（据说）喝了这样的水，能健胃养颜、幸福长寿。在哈尼族的原本生活中，水井只有在"昂玛突"仪式中祭水神时才能体现出其神圣性，而这块标识"发明"出了"万物有灵""纯生态""健胃养颜""幸福养颜"的"传统"，也建构了一个"神灵给予的生命之血液"的神话叙事（图 5.21、图 5.22）。①

———
① 张多：《遗产化与神话主义：红河哈尼梯田遗产地的神话重述》，《民俗研究》2017 年第 6 期，第 61—68 页。

（4）哈尼族磨秋场

磨秋、荡秋（图5.23）和转秋是哈尼族与天神的沟通方式，"矻扎扎"节（六月年）是哈尼族祈求丰收、追求人与自然和谐相处的盛大节日。千百年来，哈尼族总结了一套围绕梯田稻作开展的农耕礼俗，当"六月年"来临时，哈尼族人会来到磨秋场隆重地打秋千，他们快乐的欢呼声是向天神报告哈尼族人过上了好日子，并请天神来到人间与哈尼族人一起过节。

磨秋是将坚硬的栗木顶端削尖作轴心，栽在地面，再把数丈长的松木横杆中间段凿凹架上即成。打磨秋时，横杆两端骑坐或爬上重量均衡的人数，他们轮流以脚蹬地使磨秋起落旋转，像磨一样，所以叫磨秋（图5.24、图5.25）。

（5）哈尼族寨神林

哈尼族文化中，寨神格外重要，在寨子上方的寨神林（图5.26），是哈尼人一年一度祭祀神灵、寨神的村社祭祀活动场所，哈尼族人在此祈求寨神保佑寨民五谷丰登、六畜兴旺。寨神林里的一草一木受全体村民保护，污秽之物不准扔置于寨神林。林木对于涵养水源至关重要，有了森林，才有可能实现山有多高，水有多高，这背后体现出的是哈尼人朴素的生态意识，保护森林、维系良好生态的内核与我们当下追求人与自然和谐共处的理念一致。

图 5.23 荡秋

图 5.24 磨秋（王建福摄）

图 5.25 穿民族盛装的磨秋者

图 5.26 哈尼族寨神林

哈尼族寨神林文化是哈尼族独创的一套古老的，极符合现代文明发展理念和行为模式的习俗。其一，祭寨神林展现了哈尼族传统文化，特别是其太阳历法和物候历法、创世迁徙史诗和叙事长诗、音乐舞蹈等文化要素；其二，祭寨神林充分体现了哈尼族体察天意、顺应自然以及追求天人和谐的世界观；其三，祭寨神林是春耕备耕的序曲，全面彰显了哈尼族山区梯田耕作的礼仪、技术、禁忌等知识系统。

（6）拜访哈尼族古歌传承人——马建昌老师

哈尼族古歌被称为哈尼族社会口语传承的"百科全书"，演唱内容囊括了哈尼族生产生活、文学艺术等方方面面，如生命起源、神的诞生、采集狩猎、农业耕种、婚丧嫁娶以及节气气候等各类风俗习惯、典章制度等。

顺着阿者科水塘间的羊肠小道，我们专程拜访了国家级非遗文化代表性传承人马建昌老师。马老师年幼时便跟随父亲学习哈尼族古歌、弹奏哈尼族传统乐器，是家里的第四代摩匹（祭司），2018 年入选第五批《国家级非物质文化遗产代表性项目代表性传承人名单》。雨后的蘑菇房湿漉漉的，泛着些许青苔，上几节台阶便到了马建昌老师的房屋中，马老师穿着一身黑色常服，头上的包布显示出他的哈尼族身份。我们说明来意，马建昌老师便拿出爷爷传下来的四弦，调了一下音，就弹唱起来了。哈尼族人常说"四弦一响脚板痒，拍掌跳脚团团乐，水中青蛙闭上嘴，山中麂子侧耳听"。随着马老师手指的灵活拨动，四弦中流淌出

图 5.27 哈尼族古歌传承人马建昌老师演奏传统乐器

了清脆悦耳的琴声。一曲终了，还未尽兴，马老师又拿出了祭祀吟唱古歌使用的各类巴乌吹奏起来，深沉浑厚的大巴乌、轻巧灵动的双管巴乌和小巴乌轮番上阵，声音时而低吟，时而高亢，神圣中略带悲怆，仿佛在述说着古老而漫长的哈尼族历史故事（图 5.27）。音乐萦绕在整间屋子里，然后穿过石墙，越过村庄，回荡在哈尼梯田上空……

———◦ 调查小结 ◦———

走进元阳，踏上新街，如同坐上时光穿梭机，回到了田园牧歌式的时代。没有都市的聒噪，只有清脆鸟鸣；没有污浊的油烟尾气，时时飘来的全是柴荷稻香。生活不紧不慢，舒缓有序，看看坐在门口纺纱打褙的阿婆、钉银泡的阿婶，"哈尼哈巴"

图 5.28 哈尼新娘（来源：元阳人民政府网）　　图 5.29 穿扭裆裤的哈尼族奕车女子（简南俊摄）

上穿着最靓丽服装的哈尼族人，头上、服装上点缀着银饰品，随着四弦、巴乌等乐器奏出的音乐起舞，银坠、银片同时发出清脆的凤鸣声，还有在山耕路上迎亲队伍中的哈尼新娘（图 5.28）……

　　还有生活在云南红河县大羊街乡哈尼族奕车村落，以大胆性感著称的奕车女子。奕车女子以大腿粗壮为美，因为大腿的健美，代表着长期在梯田里耕作插秧，是干得一手好农活儿的标志。此外，奕车女子穿着对襟上衣，门襟、侧缝、袖口等都缝有数道青蓝色相间的假边，梯形图案十分醒目。其短裤长度仅及大腿根部，前面呈人字形对折出七道褶子，一眼看去好似七条短裤堆叠而成，这种便于奕车女子在田里劳作的短裤，被称为"扭裆裤"（图 5.29）。奕车女子"扭裆裤"与雷山地区的"短裙苗"以及当代流行的"热裤"有异曲同工之妙。

　　这一切都源于得天独厚的哈尼梯田，以及创造、耕耘、守护这片净土的哈尼族人民。他们以哀牢山与红河地域为中心，用自己的勤劳和智慧创造出震撼世界的哈尼梯田人文景观，也谱写着哈尼族的文明画卷。不管是传统的土布染织、手工的缨穗编织，还是纹样图案的刺绣，都体现出哈尼族深厚的民族内涵和文化特色。此次田野调查，让我们真正走进这个神秘的族群，近距离接触这个传统村落，拜访哈尼族居民，走访非遗传承人，了解他们的衣食住行以及目睹"四素同构"、无与伦比的哈尼梯田和哈尼民俗。他们就是这样，在漫长的历史时空中，在哀牢山脊上，创造着瑰丽多彩的文明。

六 三都水族

三都是全国唯一的水族自治县，位于贵州省黔南布依族苗族自治州东南部，地处月亮山、雷公山腹地，东邻榕江、雷山，南接荔波，西接独山、都匀，北连丹寨。全县总人口40万，少数民族人口占全县总人口的97.4%，水族人口占全县总人口的67%。全国63%以上的水族人口聚居三都，这里是水族群众的大本营、聚集区和经济社会文化中心（图6.1）。[①]

据有关学者研究，水族发祥于睢水流域，是殷商后裔，自称为"睢"，后迁徙融入百越族群，至唐代正式以"水"立名载入中华民族史册。在漫长的历史长河中，水族先民创造了自己的语言、文字、历法，形成了自己独特的习俗、信仰、节日等，其中，水书习俗、水族端节、水族马尾绣、水族剪纸、水族双歌

图 6.1 三都水族博物馆大厅正壁上一幅反映水族生态历史的浮雕

---

① 《三都简介》，三都水族自治县人民政府网，https://www.sandu.gov.cn/zjsd/sdjj/，访问日期：2023年2月16日。

"旭旱"已列入国家级非物质文化遗产名录。水族马尾绣还荣获"国家地理标志保护产品"称号。[①]

水族村寨四周喜植竹木，修鱼塘，形成茂林修竹、苍松翠柏环绕、鱼塘满寨的环境，住房都为"干栏式"吊脚楼木质结构。"要修房，先修塘；一能养鱼吃，二能搞消防"。因此，水族村寨被誉为"像凤凰羽毛一样美丽的地方"。

水族文化底蕴深厚，既有自己的语言，又有自己的文字、历法、节日、服饰、歌舞等。有被誉为象形文字"活化石"的水书，有被誉为刺绣"活化石"的水族马尾绣，有古朴典雅、尽情狂欢、世界最长的年节——水族端节，有风情万种、欢歌如潮，被称为"古老的东方情人节"的水族卯节，还有曾被毛主席称赞并获中华老字号的特色佳酿"九阡酒"。

古老的水族文字称为"水书"，水书典籍是汇集水族民间知识、信仰文化的巨著，被誉为水族的"易经""百科全书"。

水族善于纺织、染布，崇尚黑色和藏青色。水族年轻男子穿大襟无领蓝布衫，戴瓜皮小帽，老年人着长衫，头缠里布包头，脚裹绑腿。妇女穿青黑蓝色圆领大襟宽袖短衣，下着长裤，结布围腰，穿绣花青布鞋（图6.2）。水族服饰装束各地差异不大，但有便装与盛装之分。水族年轻人喜好白色、青色和蓝色，服装一般以青色和蓝色为主色，以白色作为装饰点缀。近些年来，墨绿色也成了水族服饰的主色，"歹结"（背带）是水族马尾绣最早也是最具艺术性和技艺的载体。

图 6.2 身着民族服装的水族妇女

① 《三都简介》，三都水族自治县人民政府网，https://www.sandu.gov.cn/zjsd/sdjj/，访问日期：2023年2月16日。

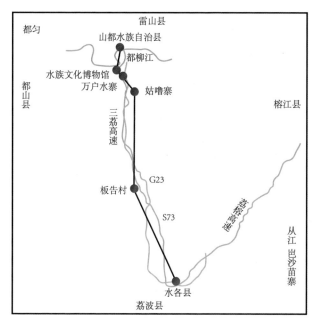

图 6.3 三都水族调研路径

此次调研路线从三都县城万户水寨的马尾绣传承保护展示中心到水族文化博物馆，再到"马尾绣第一村"板告村（图 6.3）。通过阅览水族文化博物馆资料，我们了解了水族的民俗文化。马尾绣传承保护展示中心展厅主要是对非物质文化遗产马尾绣进行全方位、多角度展示。水族在历史上曾历经多次社会变迁，在不断变更的生产、生活环境当中，水族人民创造了丰富多彩的民族文化与服饰艺术。我们此次调研水族风土人情并拍照记录说明，旨在为进一步研究水族马尾绣刺绣工艺等服饰文化打好基础。

1. 咕噜水寨

紧靠产蛋崖而居的贵州三都水族自治县咕噜水寨，现居住着 100 多户水族人家，是三都水族自治县一个典型的水族村寨，风情浓郁、风景秀丽，处处彰显着水族文化。这里的村民信仰石神，他们希望山上的石头"多下蛋"，从而带来好运。

这里最初只有 20 多户人家，有一天，一对在山上割草的水族夫妇为躲避大雨，便跑到山崖下躲雨，意外发现了山体上长着一枚枚石蛋。石蛋露出部分光滑且有年轮纹，甚为神奇（图 6.4）。三都水族自治县举行旅游产业化宣传推介暨咕噜景区开园运营系列活动新闻发布会介绍了距离三都县城 10 公里的水族原生

图 6.4　产蛋崖的石蛋（图片来源：新农人）

图 6.5　咕噜水寨大门

图 6.6　咕噜水寨大门的铜鼓架

图 6.7　水族太阳铜鼓左侧纹样

态村落咕噜寨。景区有一陡峭的山崖，崖壁上不规则地露出一颗颗青褐色的石蛋，当地人将该景象称为"石头下蛋"。"石蛋"质地坚硬光滑，表面布满如树木年轮般的纹路，直径一般为 30 至 50 厘米，呈赤青色，比重大而且不风化。[①] 除了上天恩赐的石蛋，咕噜水寨的铜鼓也是一大亮点。走进寨门，迎面便是一个巨大的铜鼓（图 6.5、图 6.6）。中国自古就有北方以鼎为大，南方以铜鼓为重的传统。铜鼓是中国古代南方百越地区普遍使用的重器。东汉以后，百越迁徙至滇黔地区，铜鼓也随之被带至此地。今天，西南地区少数民族几乎都有以铜鼓为重的习俗，铜鼓在各种祭祀及重大活动中成为主角。铜鼓由黄铜合金炼制而成，圆柱中空，两边有耳，上面封实，下面留空。铜鼓上雕刻有许多与民族图腾有关的纹样（图 6.7），这些纹样也经常被应用到服饰刺绣图案中。

---

① 杨鸿新等：三都水族自治县举行旅游产业化宣传推介暨咕噜景区开园运营系列活动新闻发布会，贵州日报天眼新闻，https://www.sandu.gov.cn/jdhy/xwfbh/202112/t20211225_72125058.html，访问日期：2023 年 2 月 16 日。

民间把铜鼓分为公母：以凸出圆面阳刻图案为公，以凹进圆面阴刻图案为母；也有以声音区分公母的：低沉者为公，清越者为母。在西南地区，大部分民族村寨都有铜鼓。但水族人对铜鼓有自己的认知，他们认为铜鼓是吉祥物，也是财富和权力的象征。水族的铜鼓也有公母之分，不同性别的鼓敲出来的声音是有区别的。以中间的太阳图纹来区分，太阳纹超出纹样的是公铜鼓，没有超出的是母铜鼓，有男主外女主内之意。

铜鼓的铸造是集采矿、冶金、雕塑和音乐元素于一体的文化事项；而铜鼓本身更是常用于祭祀、歌舞等场合。可以说，铜鼓是多种文化的集合体，不论从哪个角度切入，都能有新鲜的认知和感受。

铜鼓最外层是葫芦花，蕴含福禄之意；第二层是双鱼托葫芦，代表着多子多福之意；第三层是幸福吉祥鸟，双凤齐鸣；第四层是水书先生翻译的水语；第五层是汉字；第六层是十二生肖；第七层是象形文字；第八层是吉祥的"吉"字，中间的太阳纹有十二条，代表十二生肖。

端节是代表水族文娱体育活动重要起源的节日。击铜鼓、皮鼓是水族端节传统的娱乐活动（图6.8）。《铜鼓史话》载："水族在九月节举行招魂仪式后，就把藏在家中的铜鼓拿出来，悬挂在门前，先以酒三杯供神，再以酒洒在鼓上，然后方可敲击。"[1]《隋书·地理志》载："诸僚铸铜为鼓""悬鼓于庭，置酒以招同类"。这正与水族端节击鼓的情况相似。

图6.8 水族端节上的铜鼓阵
（图片来源：山国学堂）

---

[1] 《水族端节》，都匀市人民政府网，https://www.duyun.gov.cn/dyly/fsmq/202210/t20221028_76945380.html，访问日期：2023年2月16日。转引自蒋廷瑜《铜鼓史话》，文物出版社，1982，第42页。

图 6.9 咕噜水寨活动中心屋顶悬挂的牛头骨　　　　　　　　图 6.10 内屋顶上的牛头

　　我们在村里还看见许多建筑物上挂着牛头做装饰（图 6.9、图 6.10），经过了解才知晓其中缘由。在寨门和村户一些人家的房屋建筑上挂牛头的习俗与咕噜水寨下寨的苗族有关，是水族、苗族多年相互影响、融合所形成的，两族都认为将牛头挂在门头或窗头可以起到避邪的作用。

2. 板告村

　　三洞乡板告村位于三都县南面，距三都县城 32 公里，经济收入主要来源于水族马尾绣、牛角雕。板告村是水族马尾绣的发源地之一。一直以来，全村女孩7 ～ 8 岁就开始学编织马尾绣，创制图案，创造出很多精美的马尾绣作品。板告村还有巧夺天工的牛角雕，牛角雕是用牛角作为材料，经能工巧匠精心设计和雕刻而成，活灵活现、栩栩如生。

　　被誉为"马尾绣第一村"的板告村是水族聚居地（图 6.11）。水族马尾绣正是从这里走向全国、走向世界，这里也走出了宋水仙、韦桃花、潘小艾等一批代表性的国家级、省级非遗传承人。曾有日本、意大利等 10 余个国家的游客慕名前来参观，板告村也因而成为远近闻名的少数民族特色村寨。近年来，板告村聚焦民族文化产业，以马尾绣、牛角雕、葫芦雕、骨雕、水书等带动群众创业就业，

图 6.11 板告村入口显赫写着"马尾绣第一村"

通过文旅产业销售民族工艺产品实现增收。[①]

　　此次我们要去拜访的是水族家庭博物馆非遗传承人潘小艾和韦家贵。据说他们花费了几十年的时间收藏水族相关文化物件，已珍藏水族文物 3 万多件。藏品从生活用品、服装、鞋、帽、银饰配件、乐器、学习用具，到首批国家级非物质文化遗产"水族马尾绣"和"水书"，几乎涵盖了水族生活的全部内容。

　　水族家庭博物馆位于板告村板鸟二组。馆主韦家贵一家生活在博物馆内，又因夫妇都是水族，所以取名为"水族家庭博物馆"，包括新开的马尾绣馆和水族服饰馆（图 6.12、图 6.13）。

　　调研组走进韦馆长家里（也就是"水族家庭博物馆"），受到了韦馆长夫妇的热情接待。韦馆长与妻子潘小艾都仅有初小文化程度，是土生土长的水族农民，他们二人经过 30 年的努力，现都已获得非遗传人、高级工艺师称号。潘小艾告诉我们："30 年前，我在家做刺绣时，经常看到有外地人来村子里回收马尾绣绣品，很多古老的、精美的马尾绣品都被回收走了。我就想，如果全部都收走了，我们的下一代怎么办，他们就看不到我们水族的文化了。"意识到本民族遗产宝

① 娄铃英：《三都："马尾绣第一村"绣出水乡新画卷 》，当代先锋网，http://www.ddcpc.cn/detail/d_shehui/11515115519661.html，访问日期：2023 年 2 月 16 日。

图 6.12 水族民间博物馆

图 6.13 马尾绣馆及水族服饰馆

图 6.14 水族土布织机生产体验区

图 6.15 水家土布

贵的文化价值后，潘小艾和丈夫便开始从不多的收入里拿出很大一部分来回收水族相关文化物件。此事一发而不可收，一年又一年、一件又一件，夫妻俩走遍了水乡的村村寨寨、山山水水，从绣花服装到绣花包袋，从银饰品到百年的水书、牛角雕、老白鞋、农具、餐具、纺花车、织布机（图 6.14、图 6.15）……家里的藏品堆得越来越多。2008 年，将藏品进行分类整理后，夫妻在老家一百多平的老木屋里，办起了三都水族自治县第一家"水族家庭博物馆"。展馆里主要有生产工具区、纺织服饰区、牛角雕刻件展区、水书文化产品区与生活用品展区等，还有供培训、交流、研学使用的场地（图 6.16、图 6.17）。

　　图 6.18 是一套典型的三都水族马尾绣女装，无领右衽大襟款式，在袖口、环肩、下摆等部位装饰马尾绣，图案以花卉、鸟雀、凤凰为主。刺绣绲边不仅是服装的装饰，也强调了服装的剪裁结构。因服装上的刺绣面积较小，所以马尾绣线比背带（水语称为"歹结"）中的更细。

图 6.16 潘小艾（右 1）在交流区给院校学生传授马尾
绣技艺（潘小艾提供）

图 6.17 韦家贵（右 4）在博物馆与来访者交
流水书藏品

图 6.18 典型三都水族马尾绣女装

图 6.19 机绣制作的改良服装

　　在展馆展出的还有一些机绣制作的改良服装（图 6.19），这些上衣形制、纹样、色彩与普通马尾绣服装很相似，不近看几乎分辨不出是机绣还是马尾绣，由于马尾绣服装的制作工艺十分繁复，需要花费大量的时间，而妇女大部分时间都需劳作，并且近年来为了迎接游客、舞台表演等，机绣服装变得越来越多，大量机绣制品出现在人们生活中。

　　水族有三宝：马尾绣、水书、端节。水族马尾绣是一项古老的刺绣技艺，一直流传至今，被誉为刺绣艺术的"活化石"。马尾绣缘起何时？现尚未找到资料记载。水书使用的是水族的文字，水族语言称其为"泐睢"，其形状类似甲骨文和金文，主要用来记载水族的天文、地理、宗教、民俗、伦理、哲学等文化信息。

图 6.19 调研组成员试穿博物馆工作坊水族服装

　　我们重点调查了马尾绣。潘小艾老师说，传统的水族马尾绣服饰以送给儿童的背扇，或叫背带、童帽和送给老人的翘尖绣花鞋（水语称为"者结"）为主。现代的马尾绣制品品种丰富，已应用到了衣裤、围腰、胸牌等女性服装上，还拓展到钱包、香包、刀鞘护套等饰品上。以丝线裹马尾制作图案的刺绣方法，有三个好处，一是马尾质地较硬，图案不易变形；二是马尾不易腐败变质，经久耐用；三是马尾上可能含有油脂成分，利于保养外围丝线光泽。

　　背扇曾是水族每个家庭重要的生活物品，水族妇女通常都要一边带孩子一边做农活家务，背扇是必不可少的工具，一直伴随孩子成长。背扇不仅具有背负孩子的实用功能，更是水族发展历史和传统民族本体文化的重要载体。

　　潘老师详细讲解了马尾绣背扇的结构和内容构成：三都地区马尾绣背扇整体呈 T 形，可分为三个部分：主干部分的上部（背扇心）为孩子腰部提供支撑，主干部分的下部（背扇尾）以及与上部顶端相接、左右各一条的带状（背带手）（图 6.20）。还有些背扇结构略有变化，背扇心上方部分叫背扇肩。水族背扇主体上的蝴蝶图案是整件作品的中心所在，由九块小绣片组成，这种九宫格模式的布局，可看作是水族重九数观念的反映。水族人用九代千年指代万岁，用九形容家

a. 马尾绣背扇构成部件

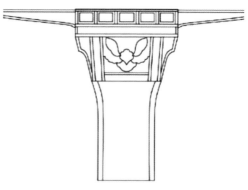

b. 马尾绣背扇线描

图 6.20 水族传统马尾绣背扇

道福泽延绵久远，水族的特色佳酿被称为"九阡酒"。

　　通常一件马尾绣刺绣成品（服装或背扇、包等）会分解成很多小片，完成刺绣部分后再根据物件结构按形状大小放在不同的位置进行拼接，在边缘处用平缝的针法将线头藏好。最后将拼接好的绣品熨平，确保各个部位的平整。

　　潘老师介绍完了背扇后，还亲自动手传习调研组成员体验马尾绣的刺绣技艺（图 6.21），其基本流程如下：制作马尾线—绘绣样—钉绣轮廓线—彩线填心—镶边—上装钉。一个小小的蝴蝶图案，用了整整一天时间，如此看来，那么大的背扇，那么多的图案纹样，确实得数月甚至几年才能完成。

图 6.21 潘老师指导调研组成员制作马尾绣

扫二维码看马尾绣传习视频

最后，潘老师说，马尾绣已成为板告村的一项产业。自 2006 年起，板告村板鸟一组宋水仙开办了全国第一家马尾绣工艺品店，首次把水族马尾绣变成了商品，"指尖"经济由此起步。目前，板告村有 9 家马尾绣公司，绣娘 400 余人，年营业收入过亿。在人才方面，板告村现有 2 名国家级非遗传承人（韦桃花、宋水仙）、5 名省级非遗传承人（韦家贵、韦家贤等）、7 名高级工艺师（潘小艾、吴秀芝等），市、县级传承人和初级、中级职称获得者数十人。板告村的马尾绣产品已形成了集群效应，正在开始辐射并带动周边其他村寨的发展。

3. 水族文化博物馆和马尾绣传承保护展示中心

水族文化博物馆位于黔南州三都县三郎新城区，是以展示中国水族历史与文化为主题的民族类专题博物馆（图 6.22、图 6.23）。馆内设有两大展区、6 大板块、31 个展位，结合图片、文字、实物等多种形式来展示水族概况、美丽家园、民族历史与社会发展、水族文化、习俗与节日、欣欣向荣的水家新貌等六部分内容。被列为首批国家级非物质文化遗产的水族马尾绣、水书和水族端节，获"中国历史文化名村"和"中国传统村落"称号的怎雷村、三都水族各大寨、都江古城，以及水族铜鼓文化、水族剪纸艺术、水族舞蹈、水歌、水族丧葬、水族卯节等相关的一系列珍贵资料及藏品都尽收于馆内。

从博物馆展出的水族服装来看，无论是黔南州水族或是云南水族，用色都比较素雅。日常服饰多以水家布缝制，以蓝绿色为主。女子多穿蓝绿色圆领、大襟宽袖上衣，腰系绣花围腰，下着青布长裤，衣裤四周镶花边，穿绣青布鞋。男子

图 6.22 水族文化博物馆主馆建筑　　　　图 6.23 水族文化博物馆外部配套景观

穿大襟无领蓝布衫，戴瓜皮小帽或青布包头。领口、门襟、袖口、下摆等部位有绣花，服装面料以蓝、绿、黑白等冷色为主。

这些水族服装的绣花线依然以冷色为主，即使有红色出现，也是偏冷色调的品红、粉紫色等。但水族的饰品、包袋、背扇、围裙等配件用色非常鲜艳明亮，形成了水族服饰一大特色（图 6.24、图 6.25）。

a. 云南古敢水族男子盛装

b. 三都中和地区马尾绣新娘装

c. 三都都江地区水族妇女服饰

d. 三都九阡地区水族老年妇女服装

图 6.24 博物馆里不同地区的水族服装

图 6.25 博物馆里水族马尾绣小挂件品

2018 年，板告村水族马尾绣国家级传承人宋水仙（图 6.26）当选第十三届全国人大代表，并在两会期间提出修建"马尾绣博物馆"的议案。2019 年 1 月，位于水族马尾绣的发源地之一——贵州省三都水族自治县万户水寨的"马尾绣传承保护展示中心"正式揭牌成立，中心内陈列了上万件作品（图 6.27）。该中心面积 800 多平方米，集库房、展示厅和培训基地于一体，不仅有背扇、女鞋等宋水仙个人收藏多年的马尾绣历史传统藏品，也有女包、笔记本、衣服饰品等富有现代气息的马尾绣文化创意产品。

图 6.26 宋水仙（中）在指导水族马尾绣绣娘

图 6.27 马尾绣传承保护展示中心

马尾绣传承保护展示中心是一个对非物质文化遗产马尾绣进行全方位、多角度展示，可供交流、研学等的多功能场馆。该中心秉持"保护马尾绣绣品、传承马尾绣技法、展示马尾绣文化"的宗旨，围绕"传爱"主题，从"源历""技艺""传爱""传承"四个板块展示水族马尾绣历史文化及珍藏的马尾绣精品、珍品（图 6.28）。马尾绣传承保护展示中心的设立旨在让更多的人因马尾绣走进三都，去感知贵州少数民族文化艺术的魅力。

图 6.28 中心展示的马尾绣童帽

小贴士

　　"歹结"是指水族用来背负婴幼儿所用的布兜，古称"襁褓"，指背负、系绑和包裹幼儿时所使用的布带、宽布和被子。"歹结"被喻为背上的摇篮，是水族世代相传的育婴工具，至今在我国西南民族地区还广泛流传，当地又称"背带""背儿带""背袋""包背""背扇""襁褓""育儿袋""娃崽背带""背孩带"等，以水族马尾绣"歹结"背带为极品。马尾绣"歹结"主要包括三部分，上半部为主体图案，由20多块大小不同的马尾绣片组成，周围边框在彩色缎料底子上用大红或墨绿色丝线平绣出几何图案，上部两侧为马尾绣背带手，下半部为背带尾，有精美的马尾绣图案与主体部位相呼应，由此，"歹结"成为通体绣花的完整艺术品。制作这样一件"歹结"要花一年左右的时间。水族中老年妇女制作"歹结"尾花，一般不用剪纸底样，而是直接在红色或蓝色缎料上用预制好的马尾绣线盘刺绣，综合运用结绣、平针、乱针，灵活自如，成品图案美观耐看。

● 调查小结 ●

　　本次调查结束后，我越来越有一种感觉，西南民族地区绝对是孕育"大国工匠"的摇篮。西南大山里潜藏着无数"大国工匠"人才，因为他们可以心无旁骛地将日常生活中的一件事做一辈子，做到极致。在一个人口40多万的族群中，更确切地说，是在一个距县城32公里，只有335户1596人，水族人口占99.9%的村落中[①]，却诞生了2名国家级非遗传承人（其中1位还是全国人大代表）、5名省级非遗传承人、7名高级工艺师，市、县级传承人和初级、中级职称获得者数十人。

　　宋小仙从事马尾绣40年，潘小艾从事马尾绣30年，她们以家为馆或是以馆为家，学历不高，但勤奋专注，硬是一针一线把一个少数民族的马尾绣做成了享誉世界的民艺产业，使马尾绣成为中华优秀传统文化中极具个性化的瑰宝。当然，马尾绣不是独树成林，其还有一个精深的民族文化——"水书"作为后盾。在中国56个民族大家庭中，有20个民族有自己传统的文字，水书即为其中一种。水书是一种与甲骨文和金文同源异种的古老文字符号，是世界上除东巴文之外又一存活的象形文字，被视为活着的"象形文字活化石"（图6.29）。水书在水族婚嫁、丧葬及占卜等场景中使用，内容涉及天文历法、生活哲学等诸多方面内容，被誉为水族的"百科全书"，2006年被列入国家级非物质文化遗产目录，现正在积极申报世界遗产。

---

① 《板告村简介》，三都水族自治县人民政府网，https://www.sandu.gov.cn/sxly/lyzx/201908/t20190815_5832483.html，访问日期：2023年2月12日。

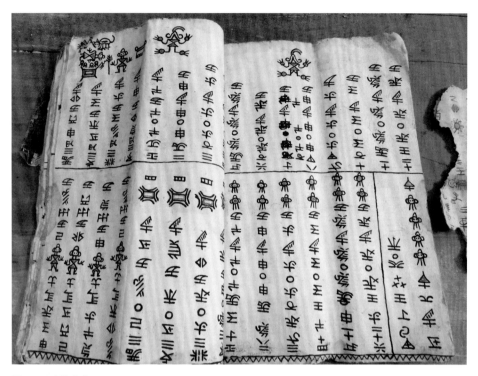

图 6.29 水族水书

此次调研，我们走访了水族马尾绣"非遗"文化代表，在马尾绣原产地参观了水族家庭博物馆，在万户水寨马尾绣传承保护展示中心聆听了水族全国人大代表对水族文化的深情展望，并亲身体验了马尾绣制作过程……

以上记录仅仅是水族马尾绣等传统文化中的冰山一角，我们以此作为敲门砖，为下一步对马尾绣等水族传统文化进行系统、深入研究打下基础，同时，也把在调研过程中的所见、所闻、所思、所想与大家分享共研。我们期望能以这种方式为马尾绣服饰、牛角雕等水族文化的保护、传承、弘扬、创新尽一点绵薄之力。

七　攸乐山上的基诺族

基诺族是一个古老的民族。"基诺"是其民族自称，过去汉语多音译为"攸乐"，意为"跟在舅舅后边"，加以引申即为"尊崇舅舅的民族"。1979 年 6 月，基诺族被国家正式确定为中国的第 56 个民族。

在 1949 年以前，基诺族社会尚处于原始社会末期向阶级社会过渡的阶段，由父系氏族制取代母系氏族制，大约也只有 300 余年历史，现在日常生活中的母系氏族公社遗俗还相当多。如在隆重的"上新房"仪式中，第一个手持火把登楼点燃火塘的是氏族内最年长的女性；在基诺族成语和古老的祭词中有"母亲是家长"的古训；只有母亲才有权为生病的子女杀鸡"招魂"；村社长老虽是男性，但至今仍沿用母系氏族公社时代的称号"左米尤卡"，意为"村寨的老奶奶"。

基诺族在民族确立之初只有近 5000 人口，现中国境内基诺族的人口数为26025[①]，是云南省人口较少的 7 个特有民族之一，主要聚居于云南省西双版纳傣族自治州（以下简称西双版纳州）景洪市基诺山基诺族民族乡及四邻的勐旺、勐养、勐罕，勐腊县的勐仑、象明也有少量基诺族散居。[②]

基诺族较其他民族体量更小、更为聚集。本次调研于 2021 年 7 月上旬于西双版纳傣族自治州景洪市基诺山基诺族乡展开，调研路径图如下（图 7.1）。

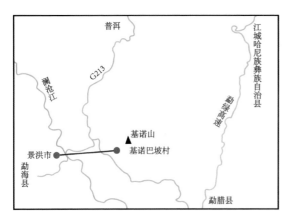

图 7.1 基诺族调研路径

---

①　国家统计局：《中国统计年鉴 2021》，中国统计出版社，2021，第 2—22 页。
②　《基诺族》，国家民族事务委员会网站，http://www.gov.cn/guoqing/2015-10/12/content_2945506.htm，访问日期：2023 年 2 月 10 日。

图 7.2　基诺山寨的太阳寨门
图 7.3　疫情下的基诺山寨迎宾仪式
图 7.4　基诺迎宾大鼓舞

1．基诺山寨寨口

走进山寨大门，首先映入眼帘的是"基诺山寨"这四个大大的牛角形字体和形似大鼓和太阳的门洞，整个寨子掩映在热带雨林的鲜花树丛中。牛角作为材料的创意来源于基诺族的传说：牛角路可以通向富裕的地方。正门的造型源于基诺族的图腾——基诺大鼓，相传基诺族是从大鼓中走出来的民族，从大鼓门中走过的人可以获得吉祥如意（图 7.2）。

基诺族靠山吃山，长期以来过着自给自足的生活，明清时期以普洱茶交易为主要的贸易活动，新中国成立后在政府扶持下主要生产茶叶、橡胶等。进入 21 世纪后，政府为帮扶基诺族经济发展，开启了当地的旅游项目。旅游业的开放带动了当地居民的收入，巴坡寨内的居民也纷纷在农闲时期从事一些旅游服务，如将特产卖给游客等。山寨门口的迎宾仪式由基诺族重大节日的庆祝仪式大鼓舞改编而来，是专门回馈游客们为基诺族带来收入的欢迎仪式。这种仪式一方面是让游客感受到基诺族的热情好客，另一方面是基诺族人对现代美好生活的一种感恩表达（图 7.3、图 7.4）。

在基诺山有一座巨大的雕像，雕的是基诺族的女神——阿嫫腰北（图7.5）。基诺族有自己独特的创世文化。相传天地初开，大地一片混沌，一个戴着尖角帽的女人自水中而起，双手一搓成了天地，又造了各种草木，后觉得实在单调，又用泥捏出了人形，自此人类诞生。一次天降大水，阿嫫腰北为了让人类存活，将一对兄妹放入大鼓之中，这就是基诺族的祖先玛黑和玛妞（图7.6）。基诺语中，阿嫫是母亲，腰是大地，北是创造。基诺语的语序是与汉语相反的，所以要倒着翻译，阿嫫腰北就是创造大地的母亲。

村寨中的首席长老叫卓巴，由氏族中最年长的男性村民担任，对村中的大小事务进行安排，卓巴房（长老房）位于山寨的最高处。寨神柱是基诺族山寨中的五神柱之一，傲然矗立在卓巴房前（图7.7），卓巴房里则安放有家神柱、神女柱、兽神柱、女神柱等其余四根神柱，这是基诺族非常神圣的地方。基诺族人信奉"万物有灵"，五神柱是基诺族人自然崇拜信仰的集中体现，是一种祭柱，主要具有镇宅避灾等作用。基诺族人通过五神柱祈祷家宅平安、不受野兽侵害等。

基诺族人居住不分家，都是数代同堂，十数口甚至数十口人都居住在大房子里。房子的最右侧，有一个阳台上面整齐地摆放着四只大牛头骨。阳台是女人生孩子的地方，孩子出生后，要在这里接受考验，即洗冷水浴，这个古老的民族自有一套独特的生存法则。

图7.5 基诺族女神——阿嫫腰北　图7.6 玛黑、玛妞像　　　　　　图7.7 寨神柱

2. 基诺族的狩猎习俗

基诺族作为一个"直过民族"[①]，早期依旧保留了一些较为原始的生活方式，其中狩猎是非常重要的一部分。早年没有粮食，基诺族人都是通过狩猎来获得食物并统一分配。

基诺族狩猎主要有两种方式：一种是围猎，也就是族人将猎物驱赶到一起进行打猎活动；另一种方式就是猎人单独行动。基诺族狩猎的时间一般为早上9点之前和下午4点到晚上，因为中午猎物大多在休息，所以很难猎到。

基诺族的狩猎道具"达卡"由木竹筒制作而成，使用时只需要拿起晃动，就会有"哒哒哒"的声音，从而驱赶猎物进入围猎场（图7.8a）。

基诺族猎人居住的一般为临时棚子，因为猎人常年在外，所以需要在外的住所。这种棚子不高，约2.5米，但是入口大约只有1米不到，里面有床铺、凳子和一些简单的生火器具等（图7.8b）。

基诺族狩猎是要爬到树上的，人在上面，猎物在下面，因此会在树上搭建狩猎台（图7.8c），便于观察和射击。基诺族依旧保留了原始的狩猎模式，调研组在走访基诺山寨时也有幸见到了基诺族现今最后一位神枪手（图7.9）。基诺猎人的蓑衣由稻草、棕毛等编制而成，猎人脖子上挂的牛角里装的是火药。牛角在基诺族是祥瑞的象征。猎人的砍刀放在一个木制的刀鞘里，基诺族的砍刀都由猎人

图 7.8a 狩猎用的道具"达卡"　　　　图 7.8b 猎人的临时棚子　　　　图 7.8c 树上的狩猎台

① 直过民族：基诺山基诺族乡基本情况，景洪市人民政府网，https://www.jhs.gov.cn/227.news.detail.dhtml?news_id=92953，访问日期：2023 年 3 月 10 日。

图 7.9 基诺族"神枪手"

自己亲手制作。猎人的马甲与族内日常的马甲不同，族中日常马甲都是以白色的棉布为底色，而基诺族猎人的马甲是用黑布制成的。猎人裤子膝盖处有一块鲜明的太阳纹贴布绣，又名日月纹，是基诺族独有的印记。

早期基诺族的社会劳动结构与现在有所不同，当时的狩猎活动结束后，所有猎物会在庆祝收获和祭祀活动结束以后，由长老进行分配，类似于"公有制"。今天，基诺族虽然不再需要狩猎，但是基诺山的茶叶生意依旧是以"公有制"的方式展开的。

3. 基诺族的成人礼

基诺族的男青年十五六岁、女青年十三四岁就要行"成人礼"（图 7.10）。成人礼一般是在本寨上新房仪式中举行，且男女有别。

族人会对要举行成人礼的男青年进行奇袭式的捕捉，然后把他挟持到上新房那家的竹楼上，贺新房的人要给他敬酒，上新房的主人要送给他用芭蕉叶包成四方形的三块牛肉。他收下这份肉就表示乐意参加基诺族男青年组织的"绕考"（基诺语，意为单身男的相亲活动）。突袭捕捉的目的是使男青年在被抓的刹那间产生恐惧，增加接受成人礼的神秘感，使受礼仪式在其一生中留下难忘的印象。参加"绕考"的第二天，男青年的父母要送他全套的农具，铜制的装槟榔的盒子，装石灰的盒子，还有背上绣有月亮花纹的新衣裤，绣着几何图案的筒帕、包头

图 7.10 基诺族的成人礼（路杰摄）

巾、包脚布等物。

女青年举行成人礼不需要捕捉的仪式，只要由基诺族女青年组织"米考"（基诺语）进行认可就行，但父母同样要赠与其农具和衣服。成人礼仪式上，女孩子的服装颜色更加鲜艳，有的围裙是两层，发式也改成一条独辫。

在上新房的仪式上，长老们带领大家歌唱史诗，歌唱传统社会生活的习惯法规、生产过程和古老生活，还对接受成人礼者进行本民族的传统教育。参加成人礼是基诺族人人生的一个重大转折点，礼成后，他们便成为村寨的一名正式成员，要承担起社会的各种义务。例如参加青年男女相互结交的社会组织，即"绕考"和"米考"。男青年要巡逻放哨，维护村舍法规和调解寨子纠纷，对违法的人进行教育和惩戒，同时他们可以享受村舍成员的一切权利，也具备了谈恋爱的资格。

4. 基诺族民族乐器及大鼓舞

基诺族有自己独特的乐器——名叫"布姑"和"奇科"的竹制打击乐器。早先，基诺族的男子在捕获猎物的时候，会在捕获处根据猎物的种类及大小当即砍伐新鲜的竹子制作"布姑"或"奇科"，并一路敲奏"过山调"至家，向村子里的人报告捕获猎物的消息。"布姑"是打到大猎物时敲击的乐器，"奇科"是打到小猎物时敲击的乐器。两种乐器主要由质地坚硬的毛竹、黄竹制成，所奏音乐拥有固定的旋律以及歌曲结构。第一段多为介绍基诺族狩猎的生活以及历史，第二段则记录自己狩猎的过程，第三段则融合了情歌对唱。根据传统习俗，两种乐器只在狩猎时使用，平时严禁敲击。而如今，结束了狩猎生活的基诺族人为了将这种传统的民族音乐形式传承和延续下去，在规范传统旋律和节奏的基础上编写了乐谱，一方面便于与其他现代乐器进行搭配，另一方面也让这种来自大自然的音乐形式更适应舞台的表演与呈现。随着我国实行禁猎，敲击"奇科""布姑"，发出美妙的音色、演奏优美的旋律，转而成为基诺人迎接客人的一种音乐表现形式（图 7.11、图 7.12）。

图 7.11 传承人资切老师弹奏"奇科"
"布姑"（李璐摄）

图 7.12 基诺族人合奏猎归曲（李璐摄）

　　基诺族的大鼓舞也是一绝，并于 2006 年列入第一批《国家级非物质文化遗产代表性项目名录》。名录中对大鼓舞的定义为：大鼓舞，基诺语称"司土锅"，"司土"为"大鼓"，"锅"为"跳"，流传于云南省西双版纳傣族自治州景洪市基诺山基诺族乡的基诺族村寨。基诺族跳大鼓舞是为了感谢传说中用大鼓拯救了基诺人的创世女神阿嫫腰北。大鼓舞以祭祀为主要功能，过"特懋克节"时最为隆重，时间是在立春后三天。跳大鼓舞有一套完整的仪式：舞前，寨老们要先杀一头乳猪、一只鸡，供于鼓前，由 7 位长老磕头拜祭，其中一人念诵祭词，祈祷大鼓给人们带来吉祥平安。祭毕，由一人双手执鼓槌边击边舞，另有若干击镲、伴舞伴歌者。跳大鼓舞时的唱词称"乌悠壳"，歌词多为基诺人的历史、道德和习惯等内容，舞蹈动作有"拜神灵""欢乐跳""过年调"等（图 7.13—图 7.15）。大鼓是基诺族的礼器、重器和神物，只能挂在卓巴（寨老）家的神柱上。制造大鼓要遵循很严格的程序。

图 7.14 耕种舞蹈

图 7.13 加入现代元素的大鼓舞　　　　图 7.15 传统大鼓舞

　　基诺族大鼓舞蕴涵丰富的历史文化内涵，有一定的艺术性和观赏性。目前，寨内只有 3 名年过七旬的老人尚能掌握大鼓舞仪式的全过程及全部舞蹈动作，大鼓舞已处于极度濒危的境地，急需加以保护。①

　　大鼓舞有专门的舞曲，经文化部门调查记录的曲调有《特模阿咪》（即过年调）、《乌悠壳》（意为拜神灵）、《厄扯锅》（意为欢乐跳）。《特模阿咪》是最古老的大鼓舞歌调，由徵、宫、羽、商、角五音阶组成，速度缓慢。歌者在大鼓前手持铓或镲，边歌边舞，表现过年的喜庆气氛。唱《厄扯锅》时，男性主舞，女性则站在鼓后击鼓作陪。新中国成立以后，基诺族跳大鼓舞的场所从卓巴家搬到寨场。大鼓舞经文艺工作者加工以后走上了舞台，成为具有基诺族民族特色的表演性舞蹈。②

①　《基诺大鼓舞》，中国非物质文化遗产网，https://www.ihchina.cn/Article/Index/detail?id=12982，访问日期：2023 年 2 月 13 日。

②　基诺大的鼓舞，景洪市政务信息网，基诺族的大鼓舞，景洪市政务信息网，https://www.jhs.gov.cn/129.news.list.dhtml。

如何让大鼓舞这样的传统舞蹈走进现代，在保留传统精髓的同时进行改良是非常重要的。我们采访了大鼓舞主创者兼表演队负责人陈建军老师。陈老师说："自1999年回乡后，（我）就觉得要用大鼓舞来传播弘扬基诺传统文化，不仅要保留一些原汁原味的元素，还应该添入一些现代元素，否则很难让外界客人接受。"当时也遭到一些老人的反对。但他坚持自己的想法："一个舞蹈如果只是以前那种动作很慢（的形式），那么就难以激发游客兴趣。所以，我们把大鼓舞的节奏加快，动作放大，再加上一些更夸张、更好看的动作。"正是陈老师在传承中葆有创新的勇气和坚持，使得基诺大鼓舞最终得到国家认可，被列入《国家级非物质文化遗产代表性项目名录》。

基诺族大鼓舞的命运与陈建军等人的坚持带给我们很大启发，民族舞蹈器乐如此，民族服饰等传统文化也面临同样的机遇和挑战。

5. 基诺族建筑

基诺山寨建于平缓向阳的小山坡上，房屋是用竹木和茅草修建的"干栏式"竹楼（图7.16），形似孔明帽，相传这种建房式样是诸葛孔明传授的。① 现在的基

图 7.16 早期干栏式建筑

---

① 清末至近代，有学者认为基诺族族源与诸葛孔明有关系，所以基诺文化有可能受到诸葛孔明的影响。近年来，基诺族族源与诸葛孔明没有关系这一点逐步被证实，族人也并不认可自己是其后裔的说法。

图 7.17 近现代干栏式建筑

诺山寨在建造时已经用上了更加结实耐用的现代材料，不过房屋样式还是以传统风格为主（图 7.17）。

相传基诺族的砖瓦技术是在清朝末期以后逐步形成的。与传统汉族瓦片不同，基诺族瓦片更多是一种平直的瓦片（图 7.18），在瓦片的一端会有倒挂的小钩，每一片瓦都是钩在房梁上进行搭建的，这也是基诺族独特的建筑特色。

图 7.18 基诺族瓦片

6. 基诺族纺织技艺

基诺族的纺织技艺代代相传，且较为传统和特殊。"先用梭子穿纬线，再用木板压，因为板子像砍刀，所以叫砍刀布。分层就拉前面的竹筒，然后再用脚踩一下踏板（图7.19）。"一位基诺族姐姐向我们介绍道，"自己种棉花，弹棉花，再把（棉花）搓成棉线，然后自己染色。梨树可以染红色，板蓝根染蓝黑色，菩提染绿色，染饭花染黄色。从种棉花到做成衣服都是自己亲力亲为，靠手工缝。"基诺族的染色技艺也是就地取材，采用天然植物，他们制作的服装充满了农家简朴的质感，也有着鲜艳饱和的色彩。由于农闲时期基诺族人会在家织布，基诺族各个山寨内家家户户仍然都配有简易织机，女性可以自己在家织布，并且依照现代的剪裁方式用自己织出的砍刀布做成各种衣服。

基诺族这种用砍刀布制成的衣服可以穿一二十年。女孩子的衣服就织造成彩虹色，男士的则以白色偏多。乌优支系的服装会有所不同，男子15岁之前穿开裆裤，屁股后面会有一块遮羞布。

基诺族女孩的衣服非常漂亮，在制作时，就是以彩虹布的形式织造，成衣由7块彩布拼接而成。男子衣服则是用9块白色的砍刀布织造。砍刀布图案的背后还有着宗教意义。在基诺族宗教信仰中，女人有7个灵魂，男人有9个魂，如雷魂、父魂、母魂、钱魂、粮食魂、鼠鸟魂等，类似于汉族的三魂七魄。女孩子的砍刀布颜色是天空七彩，即彩虹的颜色，随机排列组合，喜欢红的就多用红色。

图7.19 **基诺族纺纱绕线**

但是在基诺族内，其实男子服装比女子服装的装饰性更强、织纹更多。男子服装的纹样是方方正正的，寓意以后方方正正做人。制作男子服装的布一天只能织 1 米长，这样一块完整的砍刀布就要织一个多月，因为一块砍刀布有 30 多米，而做一套衣服的砍刀布需要织造七八个月。因为基诺族没有织布的机器，只能靠人力织造，制作一件男子衣服要织 7 块砍刀布，用刀剪后用针缝，才能缝出这样的一套成衣（图 7.20—图 7.24）。

　　在基诺山寨内也常常会有织造好的砍刀布布片和服饰，主要向游客展示和销售。

图 7.20 基诺族织布
图 7.21 整经
图 7.22 砍刀布织物纱线
图 7.23 砍刀布织布现场
图 7.24 七彩砍刀布成品

图 7.20	图 7.21	图 7.22
图 7.23		图 7.24

7. 基诺族服饰及纹饰中的传说

关于基诺族服饰，村中的女性，几乎清一色穿戴着最具民族代表性的服饰：顶帕"乌妞"（白底黑纹花的三角尖顶帽子，图7.25）、上衣"柯突"、胸兜"撒拍"，以及筒裙和绑腿。她们的衣服袖口和裙子边上都镶着红、黑等色彩的花边。男子的衣服背面正中缝一块方形红布，绣着一朵美丽的太阳花（图7.26）；裤腰的两道缝口处开有三寸长的两个口子。

为什么会有这么多色彩变化？男子裤腰上为什么要开三寸长的口子呢？博物馆负责人向我们讲述了一个动人的传说：

从前，基诺族居住的一个寨子里有一位美丽动人、勤劳善良的姑娘，她的名字叫布鲁蕾。她的美丽和勤劳把整个寨子和附近村子里所有的小伙子都吸引了，每天向她求婚的人像搬家的蚂蚁一样多，可是，她一个也不答应。

原来，布鲁蕾早已深深地爱上了同她一块长大而又勤劳忠厚的小伙子泽白。可是，泽白家很穷，没有什么礼物送给她，只能每天摘一朵太阳花送给布鲁蕾。大头人的儿子泽木拉跑到"绕考（男）、米考（女）"（男女聚会的场所）向布鲁蕾求婚，遭到拒绝后就派人把布鲁蕾抢来关在房子里，逼着她三天之内与他结婚。布鲁蕾十分气愤，狠狠地打了他一嘴巴。泽木拉恼羞成怒，一伸手从身边的火塘里操起一根燃烧着的柴火朝布鲁蕾的头上打去。结果，布鲁蕾洁白的三角尖顶帽子上就留下了一条又粗又黑的条纹，这就是今天基诺族女子帽子上黑纹花的来历。泽白知道后趁着夜黑，悄悄爬进房内，用尖刀割断绑布鲁蕾的藤子，送给她一朵太阳花，然后背起她直往外跑。天亮时，他们来到了一块草地上，才发现布鲁蕾被捆绑过的手脚流出的鲜血已把她的袖口和裙子边沿都染红了，洗也洗不掉，有

图7.25 基诺族女子的"乌妞"三角帽　　图7.26 基诺族男子上衣背后的太阳花图案

图 7.27 狩猎仪式上的基诺族服装

图 7.28 待售的基诺族民族时装

的地方还变黑了，这就是基诺族女子袖口和裙子边沿上要镶黑、红条纹的来历。泽白背着布鲁蕾继续逃呀跑呀，刚过了河，泽木拉及其爪牙就追到了岸边。他们隔着河向正在爬山的泽白连发数箭，泽白负伤倒在血泊中，布鲁蕾也摔昏在地上。就在这千钧一发的时候，只见泽白旁边的千年古树后面走出一个白发苍苍的老阿嫫。她把手朝河那边一挥，立刻狂风大作，暴雨倾盆，河水猛涨。泽木拉和他的爪牙们都被隔在河那边过不来了。

河这边，老阿嫫顺手拔了一把草药在手中搓碎，再把泽白中箭的裤腰处顺缝撕开了两个三寸长的口子，拔出两支毒箭，将草药敷在箭伤上。从此，基诺族男子的裤腰上都要开两个三寸长的口子。这是两道救命的口子，被基诺族的男子保留了下来。在老阿嫫的帮助下，布鲁蕾和泽白避开了泽木拉的追赶，当天晚上，众乡亲为他俩办了婚事。在逃命的过程中，布鲁蕾始终拿着泽白送她的那朵太阳花。在婚礼上，布鲁蕾把太阳花插在泽白的背上。乡亲们见了，称赞这朵太阳花是他俩真挚爱情的象征。从此，基诺族男子的衣服背面正中一定要缝上一块红布，并在上面绣上一朵太阳花。

图 7.27 为基诺族狩猎仪式时的穿着，这与其平时的穿着没有区别。基诺族人日常就将砍刀织物穿着于身上，而且在基诺族中男性服饰比女性更华丽和漂亮，因此男子的包头上也绣有太阳花纹，缀有昆虫翅膀似的流苏缀子。

图 7.28 为基诺山寨内向游客展示和售卖的基诺族民族时装，这是由基诺山寨（巴坡寨）阿哈支系的传统服装改良后所得。除太阳花

外，时装上多为简单条纹元素，更显简约大方。女装基本没变，还是那么艳丽，男装就改得比较素净，还很时尚地挂着一条用基诺民族元素设计的领带，虽然略显突兀。

　　基诺族的顶帕除了用以纪念女神阿嫫腰北以外，还有物理作用和社会作用。基诺族作为热带雨林中的山地民族，常年居住在紫外线强烈，且不定时下雨的环境之中，因此基诺族的很多服饰都具有一定的功能性。例如，基诺族的尖头帽，也就是顶帽，在太阳大的时候可以遮阳，在下雨的时候翻折过来就可以避雨。除此之外，早年基诺族女性的尖头帽可以表示婚嫁情况。一般已婚妇女的顶帽末端会向内折一段，代表自己是有家室的。后来演变为帽子相同，扎双辫子的是已婚妇女，独辫子的就是单身姑娘。到今天，基诺族妇女思想更为开放，也没有在外表上特意对是否已婚进行区分了（图 7.29a）。

　　受到外来文化的影响，基诺族人日常也穿着没有民族识别性的现代批量化生产的服装。例如，基诺山的环卫阿姨上身穿着基诺族传统服饰，下身穿着宽松直筒裤（图 7.29b）。这样的"混搭"风在基诺人的现代生活中是十分常见的，因为基诺族的传统上装是有扣对襟服装，穿脱十分方便，所以在快节奏的今天，基诺族人仍旧十分乐于穿着（图 7.29c）。

图 7.29a 基诺族日常服饰　　　图 7.29b 基诺山环卫阿姨（日常照）　　　图 7.29c 基诺族日常服饰（改良）

　　基诺族传统文化中还有各种习俗，其中染齿和打大耳洞都是较为典型的特殊习俗。

　　基诺族人以耳洞大为美，在他们看来，耳洞大小是他们勤劳与否的象征，耳洞越大，意味着这个人越勤劳勇敢。

　　基诺族男女均习惯穿耳孔，戴木制或者银制的耳环耳坠，或者用空心的木塞竹管填充耳洞。基诺族人大多在七八岁时就要打上耳洞，到 10 岁左右耳洞就会变大，初期是塞空心管，后来随着佩戴的东西越来越重，耳洞也越来越大。基诺山寨中还有一些大耳洞的老人。听族人说，基诺族的耳洞是可以穿花的，甚至还可以藏钱币。男女成年后可以采摘花朵送给对方，别在对方的耳洞里，这既是一种装饰，也是对自己身份的表示。耳洞带花说明已经成年，且可以谈恋爱。基诺族内最大的耳洞有小婴儿的拳头大小，但随时代发展，这样的原始习俗逐渐淡化了。

　　基诺族人还喜欢染黑牙齿，并以此为美，在他们的观念里，牙齿越黑越有魅力。基诺族人早期不用牙膏和牙刷，日常会嚼槟榔还有生石灰、烟丝等，时间久了，牙齿就会变成红褐色，之后再用梨木或者石灰进行染齿，牙齿就能变黑了（图 7.30）。与此同时，染齿还是基诺族人表达爱意的一种方式，相爱的伴侣会相互给对方染齿。基诺族有一种树叫黄牛莫，将其烧了以后，给牙砌上去，叫砌牙。相传这种方式可以起到对牙齿的保护作用，砌牙以后，八九十岁都不会掉牙，也不会长虫牙。

　　基诺族被称为"舅舅的后代"，舅舅在基诺族中有着十分重要的地位。在基诺族的传统中，没有舅舅不能结婚，因此，家族里没有舅舅的孩子都需要去认自然神为舅舅。巴坡寨中有一个蚂蚁堆，这个蚂蚁堆被认作为土地神，与女神阿嫫

图 7.30 打耳洞、染黑牙的基诺族男子（基诺族山寨陈列馆提供）

图 7.31 牛角路

腰北一样，是自然神的代表。只要在婚前让族内德高望重的巫师帮忙完成认自然神为舅舅的仪式，给土地神进献三份饭菜、三份酒水，如果蚂蚁堆的蚂蚁愿意从洞穴中爬出来吃献给土地神的贡品，则说明土地神同意被认作舅舅，就得到了准许和祝愿，有了可以结婚的资格，反之，则需要再去和巫师一同准备仪式认其他的自然神——如村落里的百年大榕树做舅舅，认定后才能结婚。

牛在基诺族中也有十分重要的作用。基诺山寨中有一条牛角路（图 7.31），牛角路上左右两边有牛角，意在给人带来吉祥如意。基诺族男子成年时必须要用竹子成功地屠杀一头公牛，这意味着男子成年并且有能力担负起家庭责任。如果基诺族男子十五六岁时还没有能力屠牛，村寨里就没有女孩子愿意嫁给她，用当地的话讲，"十五六岁要杀牛，杀不死牛打光棍"。由于后来的禁猎令，人们没有那么多牛可以屠杀，便逐渐取消了这个习俗。但牛在基诺族的象征意义仍旧显著。将屠杀后的公牛头取下，陈列于山寨内，既能体现山寨内男子的勇猛，同时也能向外人彰显出基诺族的人丁兴旺。

调查小结

在调查过程中，一个问题时时萦绕在我们的脑海里：什么是民族精神？民族精神的价值、意义何在？抽象的精神概念在真实生活行为中是如何反映出来的？基诺族人把创造基诺族的天神和祖先置于最显眼的山坡广场上；把大水灾中的藏身之处——大鼓，与神灵放在同等位置，并在重大节日请出来舞之蹈之；他们采来天上的彩虹织在砍刀布里，把太阳的光芒绣在服装上，让它们与自己的身体紧紧相依；他们把狩猎报喜的"奇科""布姑"演绎成了具有"五音"的丝竹管乐；他们把山蚁（土地神）、林木（自然神）作为婚前祭拜的"舅舅"……

作为中国的民族识别工作中的收官之族，基诺族具备了作为一个单一独立民族的基本要求，那就是几千年来，无论贫困与痛苦，无论灾难与危机，无论诱惑与强压，族人对自己祖先的追从和对自然神的敬畏始终如一，并通过各种仪式和生活方式让自己与先祖、与自然神同在。

作为中国仍带有某些母系氏族特点的人口最少的民族之一，基诺族人用自己的智慧和生存方式与现代社会并行，在坚守民族本色和与时俱进发展中保持着良好的心态和平衡度，这种状态和心境不正是今天许多侃侃而谈却行动木讷的"高人"们求而不得的境界吗？

不论是原始的狩猎习俗还是纺织技术，都代表了基诺族与其他民族不同的宗教和文化。走访山寨，让调研者更深切地体验、感悟到书本之外古朴纯净和丰富的民族财富。本次调研主要在西双版纳州景洪市内的民族博物馆和基诺山寨展开，调研组采访了当地的基诺族人和博物馆负责人，收集了基诺族服饰、民俗、风景等各方面资料，包括照片283张，录音90分钟，视频5分钟，展示了基诺族传统服饰、基诺族猎人服饰、基诺族日常服饰和大鼓舞、狩猎祭祀仪式等活动。

八 环洱海民族

本次调研实际行程以洱海为中心，从丽江直奔洱海东岸的宾川县大营镇傈僳村，而后经大理的下关，沿洱海西岸过崇圣寺，到喜洲古镇、周城村、剑川县的九河乡，最后再回到丽江，如图 8.1 所示。

1. 苍山洱海傈僳族火草布之缘

从贵阳到丽江后，按计划我们的下一个目标是去泸沽湖探访摩梭村。这已经是我们第三次来丽江，之前一直想去那个神秘的"女儿国"看看，但都被告知雨季道路塌陷堵塞，去不了，这次提前过来，希望能避开。不过，晚上一个电话过来，我的研究生说明天到丽江，并且最近刚联系上一位在宾川县大营镇宝丰寺村傈僳族村的罗大姐，她那里有火草布，问我是否可以同去。傈僳族原本不在这次调研计划中，但听见"火草布"三个字，我的兴趣被点着了。

在西方人在西南地区调查记中，法国传教士保禄·维亚尔（1855—1917 年近 40 年间在滇）在他的《云南撒尼保保的传统和习俗》中有如下记载："撒尼人（今为彝族一个支系）的衣料有四种：棉、毛、麻和火草。前三种是尽人皆知的，但

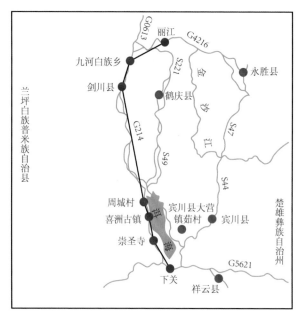

图 8.1 苍山洱海民族调研路径

火草是什么呢？我将这种衣料寄给我的同僚德拉维，他是一位颇有造诣的植物学家，他回信道：'该植物的中文名字叫打火草（即火绒草），生长在大理府扁鹊山的倮倮人（1949 年以前彝族的称呼）也以同样的方式使用该植物来取火'；他在第二封信中写道：'感谢你寄来了火草布。布用很漂亮的口袋装着，估计原来的主人是位部落酋长。织出这种布来，真令人赞叹不已。巴黎人非常欣赏倮倮人织的衣料，特别是那件染成黑色和红色的毛织品。'"①

关于火草布的最早记载见于明代云南的文献。明《滇略·产略》引《南诏通纪》云："兜罗锦，出金齿木邦甸。又有火草布，草叶三四寸，蹋地而生。叶背有绵，取其端而抽之，成丝，织以为布，宽七寸许。以为可以为燧取火，故曰火草。然不知何所出也。"现代学者认为：钩苞大丁草为菊科大丁草属的多年生草本植物，分布于云南省、四川省南部及越南北部，因其叶片的背部有白色纤维，古人将其撕下晒干作火镰打火用的火绒，故命名为火草，也称之为火石花（图8.2）。②百年以前就令西方人着迷的"火草布"，曾为我国西南少数民族中的主要服饰原料之一，但如今早已被移出现代纺织系列，如陈维稷主编《中国纺织科学技术史》、赵承泽主编《中国科学技术史·纺织卷》等都没有提到火草布。如今有消息或可一睹，岂能坐失良机。

关于倮倮族，据《傈僳族简志》③记载：中国傈僳族人口 70 余万（截至 2010年），有自己的语言和文字（20 世纪初创造）。傈僳族源于南迁的古氐羌人，与彝族（乌蛮）同属一个族源。至唐朝初期，傈僳族先民从"乌蛮"中分化独立出来，并在滇西北、川西南地区崛起，逐渐成为一个独立的民族。明朝以后，傈僳

图 8.2 火草叶属性

① （法）维亚尔：《保禄·维亚尔文集—百年前的云南彝族》，黄建明等译，云南教育出版社，2002，第76页。
② 欧成川等：《钩苞大丁草的叶片形态多样性研究》，《浙江农业科学》2016 年第 2 期，第 194 页。
③ 鲁建彪、欧光明：《傈僳族简志》，中国民族文化资源库，http://www.minwang.com.cn/mzwhzyk/663688/686043/686045/682109/index.html，访问日期：2023 年 2 月 13 日。

族曾发生过三次大的迁徙。其人口分布重心不断地从东部往西部迁徙，转移到了怒江峡谷，金沙江、澜沧江和怒江"三江并流"的贡山地区成为傈僳族的主要聚居区。因此，在宾川大营镇的傈僳族应该是西迁时留下来的一个小支。

资料显示，我们要去的傈僳族村是大理州重点打造的 12 个世居少数民族特色示范村之一，是一个典型的傈僳族"直过民族"聚居村寨，全村 68 户、216 人均为傈僳族。这里突出傈僳族特色文化的保护和开发，鼓励村民发展火草布纺织、傈僳族服饰制作，生产具有民族特色的传统手工艺品、食品、旅游纪念品。火草布作品还应邀参加云南省周末文博会大理专场、2016 年上海民族民俗民间文化博览会，知名度不断提升。①

第二天，我们赴约来到鸡足山下的宝峰寺傈僳族村，接待我们的是宾川县傈僳族火草布技艺传承人罗富花（以下简称罗姐）。

罗姐从小学习祖辈的火草布制作技艺，2017 年 1 月成立了宾川县织女情傈僳族火草布制作有限公司，在"传帮带"的过程中，罗姐带领村民学会了纺织火草布技术，每家织户增加了不少收入。她说："火草布的红色代表我们日子红红火火、吉祥如意，青色代表一年四季清净平安，白色代表我们傈僳族尊敬老祖先。随着时代的变迁，傈僳族人在火草布的制作材料中加入了一些现代元素，但这项传统技艺的传承和推广也面临着各种观念的冲击。火草布系用山上生长的一种当地人称火草的植物叶背上的白色绒毛，捻成线，晾干后织入麻布中后形成的独特布料。火草布绵软洁白、结实耐磨，穿在身上冬暖夏凉，因此被赞誉为麻布中的极品。每到农闲时，我们傈僳族的妇女们便忙着种麻、捻麻、扯火草、织布、纺衣。整个制作过程要经过采、割、泡、淋、漂、晾、撕（边撕边搓）、理、绕、纺、织等 20 多道加工环节，每一道工序都是靠她们的双手亲自完成的。织一件衣服，需要大概半斤线、几千皮叶子，要花上好几个月甚至更长的时间。"

第二天一早，罗姐带我们上山采火草叶。一路颠簸了近 20 分钟后，我们在一片茂密的林边停下，再向上爬了一段山路，便开始在树林里找火草叶。火草喜阴湿环境，多野生分布于山坡沟谷之中，为一年生草本植物，属菊科钩苞大丁草属。火草每株有 5 ～ 10 片尖矛状叶子，叶宽约 2 厘米，叶长 5 ～ 10 厘米，叶背有薄膜状的白色纤维，交织无序，可以撕下捻线，古代医书药典中称其为牛耳朵火草，具有"清肺止咳，补虚止血"的功效。火草叶片和根部长满黄白色细毛，

---

① 大理宾川：《傈僳小寨的大变化——记大营镇宝丰寺村》，宾川县委统战部，http://www.swtzb.yn.gov.cn/mzzj/gzdt/202005/t20200511_988146.html，访问日期：2023 年 2 月 13 日。

可以收下晒干作火镰打火用的火绒。罗姐一边指着地上的火草叶，一边告诉我火草叶的特征和功能（图8.4a）。半天时间，采了大半箩筐，此时罗姐说差不多了，她要带我们去看看苍山洱海。说着我们就走出树林，来到一个高坡上。刚才还是阴着脸的云层，此时被太阳撕开了一个口子，天光乍泄，直射水面，对岸苍山点点，洱海波光粼粼，美不胜收（图8.3）。大理我来过几次，但如此看景还是第一次。

　　下午回到家里，我们把火草叶在清水里洗干净，放在桶里浸泡，晚上把它们捞出来，摊在竹筐里把水沥净，阴干（不能在太阳下晒）。第二天，等叶片尚未完全干时就要抓紧撕搓结线（图8.4b）。

　　火草线一般作为纬线使用，经线用麻线，如果要用火草做经线，那一定要与麻线混纺成线后才能用。虽然火草纤维要比棉纤维线长，但技术好的人仍可以不中断地将一片叶子搓成一条15厘米左右的线（图8.4c）。

　　罗姐家屋檐下放着一架木制织布机，只要一有空，她就会坐在那里织布，边织边与我们聊天。这种传统织机操作很简单，占地面积不大，像一条长长的板凳，机头由棕框和链接脚板的绳子构成，织布者坐在机子前用脚踩动脚下的竹板，竹板就会带动机子一上一下把穿好的线平均地分成整整齐齐的两层，织布者

图 8.3　坐看苍山洱海

　　　　a. 罗姐教作者识别火草叶　　　　　　　b. 搓火草线

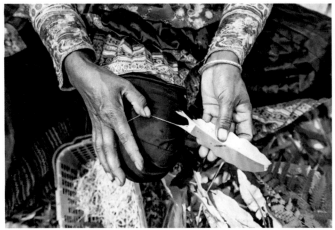 

　　　　　c. 从火草叶反面搓取火草线

图 8.4 采摘火草叶与制作火草线　　　　　　　　　　图 8.5 织火草布

把梭子线放在开口中移动一次，脚踩换棕片开合，如此循环往复就能织出布来
（图 8.5）。如果要织带花纹的布，只要加上一些设计好的色线就可以了。

　　火草布作为傈僳族至今依然保留较完整的传统手工制作工艺，逐渐引起了
人们的关注，但火草至今仍无法大面积人工种植。因此，火草产量非常有限，火
草布也无法进一步批量生产。2014 年，传统棉纺织技艺（傈僳族火草织布技艺）
入选第四批《国家级非物质文化遗产名录传统技艺类》（德昌县申报），四川省德
昌县的李从会被确认为第五批国家级非物质文化遗产项目传统棉纺织技艺（傈僳

族火草织布技艺）代表性传承人。罗姐现在是宾川县傈僳族火草织布技艺代表性传承人。

傈僳族的妇女都很能干，她们不仅要负责原料织成布匹的全过程，还要自己把布裁剪缝制成衣或包袋，并在服装或包袋上进行绣花饰边，使成品变得丰富多彩（图8.6、图8.7）。

图 8.6 火草布及制成品　　　　　　　　　　图 8.7 罗姐身穿自制火草织布成衣

傈僳族妇女的服饰分为白傈僳、黑傈僳、花傈僳三种，宾川傈僳族属于花傈僳，其特点是服饰更为鲜艳亮丽。妇女均喜欢在上衣及长裙上镶绣许多花边，头缠花布头巾，耳坠大铜环或银环，裙长及地，行走时摇曳摆动，显得婀娜多姿。上衣多为本白（火草本色）底上装饰玫红和水蓝色花边，刺水绣。下着蓝色长裙，裙摆上与腰间都有艳色镶拼，腰上还要扎上锦缎腰带（图8.8），最有特色、最夸张的是头部，或用大盘帽，或用十多条普通的大花毛巾一条一条盘扎在头上，形成整齐的多层视觉效果。那天晚上，在罗姐家的客厅里，罗姐给我们完整演示了一遍头包造型（图8.9），那高超的盘扎技术令人惊讶。

扫二维码看盘扎头包
全程视频

图 8.8 宾川傈僳族服装（上衣皆为火草）　　　　图 8.9 用十三条毛巾盘扎出来的傈僳族头包造型

2. 白族农民博物馆

　　莇村白族与宝丰村傈僳族相邻，与大理白族相距较远，不在同一个县。第三天，傈僳族罗姐带我们去隔壁莇村拜访白族农民博物馆馆主杨文泽老师。

　　莇村是金沙江沿岸及川西进入滇藏茶马古道的古老食宿站，已有千年历史。莇村隶属宾川县大营镇，距州府所在地下关 40 公里左右，距宾川县城 29 公里，在下关至鸡足山的旅游公路边，西、北两线与洱海环海路、大丽高速公路交汇。从莇村向东北方向沿旅游公路 30 公里可直达佛教圣地鸡足山。该村与南诏国最后两个皇帝大天兴国皇帝赵善政、大义宁国皇帝杨干贞有关系。莇村将正月十一至十五作为永久性的历史传统节日"天子节"。正月十五这天要将"天子""迎接回朝"。这一天，四方宾客云集莇村，整个莇村的男女老少都会穿上节日盛装，万人空巷接"天子"，呈现出一派欢乐祥和的美好景象。

　　莇村居民主要由张、赵、杨三大姓组成，各姓所在片区叫"墩"，各墩之间由大巷道分开，各家庭之间由小巷相连，街道由青石板铺就，各大巷道口建有不同式的门楼，三墩结构严谨，浑然一体，组成一个大村落。莇村建筑群是宾川白族地区最古老、最完整、最能体现白族建筑风格和艺术特性的（图 8.10）。白墙青瓦、雕梁画栋，三坊一照壁，四合五天井，每家每户的大门或典雅、或古朴、或豪华、或气派，式样繁多又绝不重复，造型各具特色。几乎家家户户的户外墙面都绘有中国画，题材以山水或花鸟为主，体现了强烈的文人雅士文化倾向（图 8.11、图 8.12）。其建筑内部的庭院、照壁、四合等与汉族格局相似，这与白族人民自古就使用汉文有一定关系。白族的建筑、雕刻、绘画艺术闻名于世。白族在形成和发展的过程中，与周围的各族进行了文化交流，更吸收移植了汉文化，并将其融合在白族人民日常生活中。

　　我们这次要去拜访的人正是生活在这样一个文化语境下的民族传统文化守护者。杨文泽老师，白族人，1942 年 9 月出生，宾川县教育体育局退休职工，县级非物质文化遗产项目代表性传承人。一说起历史故事，杨老师便滔滔不绝，以身为杨干贞后裔为荣。为进一步保护和传承农耕文化，让子孙后代了解先辈们的智慧，杨老师自 2000 年起就开始收集本地与生产生活息息相关的老物件，通过"家里拼一点，出钱买一点，自己做一点，到处找一点"的方式，收集到服饰类、剪纸类、生产工具类、生活用具类和其他类共1000 余件老物件，形成了一个名副其实的小型农民博物馆。

图 8.10　莇村街巷里的建筑、道路和人
图 8.11　莇村街巷建筑外墙上的山水画
图 8.12　大门屋檐下的扇形花鸟画

　　走过古朴而狭长的街巷，我们来到了一座青砖高墙的院门前，如果不是罗姐提醒，我还以为来到了江南仕宦之家（图8.13）。这是一座典型的四合院，岁月的风霜留有余迹，但依然掩盖不住它的气场。杨老师身材高瘦，穿一件红色团花织锦中式上衣、酱红长裤，无论是厅堂院落布局还是杨老师矍铄的神态，都令人难以把他与"农民博物馆馆主"的称号关联。

　　穿过门厅，右拐便是正厅，正厅有八仙桌、长几供案，墙上悬挂中堂山水画和对联，书香自生。外屋檐下，杨老师的夫人正弓着背在地上摆弄衣片，像是在做儿童服装，一看便知是一个勤劳、手巧、闲不住的老太（图8.14）。杨老师夫妇今年刚过80岁，二老身体健康，生活完全自理，只是夫人耳朵有点重听。正厅对面是宽敞的花园和照壁（白族人家几乎户户都有照壁，这是白族民居的典型要素），照壁上写着"关西世第"四个大字。该题字据说源于东汉杨震清白为官的故事，这与其他杨姓人家照壁的"清河世家""四知家风""清白人家"等，基本上是同一个愿景。花园里摆放着各种精心栽培的绿植、根雕、石器，尤其是正中间一对巨大的鸳鸯造型的石榴树（图8.15），甚是吸睛。那是杨老师花了20多年时间把两棵石榴树整枝修型而成的匠心之作，在黛瓦白墙的映衬下更显生机勃勃。在这些盆景空隙之处，几乎摆满了各种收来的石雕、石碑、石臼、石蹲，靠北面的一处院落里，还停放着一架水碓，杨老师说，这是他亲

图 8.13　白族农民博物馆大门口　　　　　图 8.14　杨文泽老师夫人正在做服装

手打造的一个模型，做工精巧，能完美再现水车运转、带动水碓加工粮食的场景。屋檐下、墙角、院子、台坎上都是精心栽培的花草。养花是白族人家的传统，有"家家流水、户户养花"之说。从杨家花园看，主人对花的喜爱表达得淋漓尽致（图8.16）。

杨老师随后带我们参观了他的藏品。藏品主要存放在阁楼上。借着不算明亮的光线，你会看见诸如木犁头、鱼罾子、木甑子、箱子、风箱、纺车、连枷等等过去白族农民种植、加工、储存、管理粮食等方面的物品，还有八角鼓、霸王鞭等舞蹈道具，共有1000多件（图8.17）。在服饰区，还可看到琳琅满目的白族传统服饰，有长衫、船形小脚鞋、各式小帽、代表风花雪月的女子头饰、成年男子穿的扎染马褂等等（图8.18）。虽然有些杂乱，但作为一个私人收藏家，杨老师藏品的门类之多、内容之丰富已是相当令人惊叹。杨老师面对每一件亲自收来的

图8.15 两棵石榴树修剪成的一对"鸳鸯"

图8.16 杨家花园

图8.17 杨老师的藏品

图8.18 白族传统女子服饰

民族生活器物，都能如数家珍，道出他们的来龙去脉以及背后的故事。这时我才有所觉悟，杨老师把自己的博物馆冠以"农民"二字，是对白族人长期所处的农耕时代生活的一种眷恋，表达的是以农为本，做自然之民的生活态度。

这又使我想到白族人的本主崇拜心理。白族人的宗教是多元而开放的，不管是朋友还是敌人，是本族还是他族，只要被尊为本主神的对象，或是具有一种神秘的力量，或是具有英雄无畏、勇于献身的精神，或是为人类、为民族、为民众做过善事，且与白族历史文化相关，符合白族人民的价值取向，都可以被尊为本主进行膜拜祭祀。当然，关于白族文化的源头，笔者还是认可杨政业先生所著的《白族本主文化》中的观点："他是一种具有农耕文化特征的，以村社的水系为纽带的民间宗教文化，本主崇拜的核心是祈雨水、保平安、求生殖和丰收。"[①]

一个民族的宗教信仰不可能是单一的，但是，像白族这样同时信仰多种神灵、多类型人物，还创造了丰富的宗教文化的民族，却是极为少见的。

当我们在洱海东岸的大营镇莪村、宝峰寺一带走访傈僳族和白族的时候，调研组还有一队人马正在洱海西岸沿线的九河白族乡、周城村、喜洲古镇等地走访。

3. 洱海西岸沿线的白族

洱海西岸地区曾经是南诏国和大理国的国都，也是历史上白族从白蛮、乌蛮中逐渐脱离出来，成为独立单一民族的所在地。

全国白族人口209.1543万[②]，其中大理白族自治州124.99万，占全国白族人口比例59.76%。全州户籍总人口364.54万，其中少数民族人口191.98万，占全州总人口的52.7%，而白族人口占全州总人口的34.3%。[③] 截至2021年，全州白族人口442890人，占总人口的67.85%；[④] 白族有本民族语言，但汉文自古以来一直为白族人所通用。白族有民家、勒墨、那马三大支系，聚居于洱海区域、贵州、湖南等地的为民家人，受汉文化影响较深。勒墨、那马则散居于怒江流域兰坪、维西、福贡等县，经济文化水平与邻近的怒族、傈僳族相近。

公元7世纪，六诏（隋末唐初洱海地区六个实力较强的小国）在洱海地区兴起，位于六诏之南的蒙舍诏在唐王朝扶持下统一了洱海地区，建立了南诏地方政

---

① 杨政业:《白族本主文化》，云南人民出版社，1994，第2页。
② 国家统计局:《中国统计年鉴2021》，中国统计出版社，2021，第2—22页。
③ 《大理概况》，大理白族自治州人民政府网，http://www.dali.gov.cn/dlrmzf/c101686/tydp.shtml，访问日期：2023年2月15日。
④ 《市情概要》，大理市人民政府网，http://www.yndali.gov.cn/dlszf/c103380/tydp.shtml，访问日期：2023年2月15日。

权。南诏国是乌蛮（彝族先民）与白蛮（白族先民）等共同建立的地方性奴隶制政权。南诏国王室成员是乌蛮贵族，而其统治基础，包括统治阶级中的大批高官显贵，如清平官、大军将、军将等，则是在经济、文化各方面都较发达的白蛮。

877年，南诏君主酋龙卒，其子法（隆舜）继位为王，自号"大封人"。"大封人"这个专用名称的出现，标志着白族的形成。

937年，以白族段氏为主体，号称"大理国"的封建领主制政权建立。大理地区与中原的联系一直很密切，"茶马古道"和"南方丝绸之路"加强了大理地区的对外联系，并在中外沟通联系方面也占有重要地位。大理国时期是白族发展的重要时期，这个时期创造了辉煌的白族文化，大理地区步入封建领主制社会。

明代实行卫所屯田，改土归流。朝廷设立三司，广泛推行卫所制度，汉文化的传播通过汉族移民和儒学教育等途径，深刻地影响了白族文化。据《万历云南通志》《万历赵州志》等方志记载，明初时，白族地区已是"郡中之民少工商而多士类，悦习经史，隆重师友，开科之年，举子恒胜他郡""庠序星布，教化风行，至于遐陬僻壤，莫不有学"。这些记载表明，汉文化对白族的风俗习惯、宗教信仰、冠婚丧祭、宫室建筑、生产生活等产生了全面、深刻的影响，其中文化教育方面最为典型，白族知识分子士绅群体由此兴起。由此看来，莼村所见建筑群风格以及杨文泽老师那颇让我感到有士家风范的言谈举止是有历史渊源的。

清代多依明代旧制而时有改易，白族所在边远地区仍委任土官和土司自治，直至新中国成立。

在多民族交融的历史文化熏陶下的白族人民，也必然拥有多元因素影响下的独特服饰文化。

1）"风花雪月"、苍山洱海——白族帽饰与景点的对应关系

西南地区最为美丽和清澈的湖泊除了泸沽湖就是洱海，点苍山则是大理北边的天然屏障，像勇士一样守护着洱海这颗明珠（图8.19）。如今，苍山洱海已成为一个专用词组，合并为"苍山洱海"国家级自然保护区。当然，苍山洱海不仅是自然造化的产物，还是大理白族人民千百年来创造并传承下来的人文精神和艺术灵感之源。大家耳熟能详的一个成语"风花雪月"就内化于苍山洱海的四个景点中：下关的风（挂穗）、上关的花（帽檐妆花）、苍山的雪（顶上立须）、洱海的月（帽弓），每个景点都有无数个美丽的故事和动人的传说。"风花雪月"是上天赐予白族姑娘们的礼物，姑娘们把它做成帽子，天天戴在头上，只要戴上这顶帽子，就可以成为天下最美丽的新娘（图8.20）。

图 8.19 苍山洱海

苍山又名点苍山，古籍中另有玷苍山、熊苍山、大理山之称。苍山位于云南省西部大理白族自治州境内，地跨大理市、漾濞县、洱源县三县市。洱海在古代文献中曾被称为叶榆泽、昆弥川、西洱河、西二河等，位于云南大理市区的西北，为云南省第二大淡水湖，呈狭长形，形似耳朵，北起洱源县南端，南至大理市下关，南北长 40 公里。早在新石器时代至青铜文化时代，便出现了生活在洱海地区的土

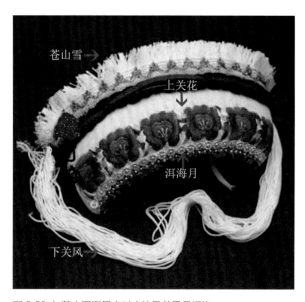

图 8.20 与苍山洱海景点对应的风花雪月帽饰

著居民"洱滨人"。随后的历史中，与白族先民有关的族群源流、政权更迭、生活作息都与洱海息息相关。

2）白族的根、纳西的花——九河白族乡民族文化交融的典范

九河白族乡隶属丽江市玉龙纳西族自治县，南连大理自治州剑川县，与剑川县三河村山水相连，服饰相似。这一带的白族人民与纳西族人相向而出、相伴而居，因而他们的服饰在款式和风格上也与这一带的纳西族服饰比较接近，最典型的就是二者共有的七星羊皮披肩和多层头帕，图 8.21 是九河乡白族女性服饰，图 8.22 是玉龙县纳西族女子服饰，两者极为相似。白族女子还会头戴用多层布将发辫包住后扎成兔子耳朵形状的包头"璀尕"（图 8.23a）和多层方帕扎成的"太阳果"（图 8.23b）。纳西族女子上身穿以淡蓝色和红色为主色的衣服，内穿右衽长袖衣；外套红色右衽领褂，领褂前短后长，长至臀部，右衽大襟上挂三块挑花方巾和绣花方巾，腰系带飘带的黑色围腰，下身穿灰色或黑色的长裤，背上的披星戴月七星羊皮背饰，是纳西族最典型的标志。而"璀尕""太阳果"等头帕和挑花的手巾是九河地区白族的服饰特色，纳西族人也同样使用。这样就形成了"你中有我，我中有你，互相借用，互为欣赏"的多元文化合璧的区域性服饰，

a. 侧面装束

b. 背面装束

图 8.21 九河乡白族女子服饰

a. 正面装束

图 8.22 玉龙县纳西族女子服饰

b. 背面的披星戴月七星羊皮背饰

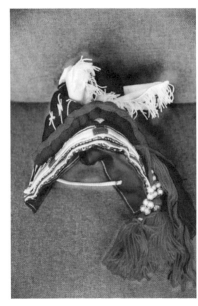

a. 白族未婚女子的形似兔耳的"璀尕"头帕   b. 白族已婚女子的多层方帕"太阳果"头帕

图 8.23 九河乡白族女子帽饰

这是一种跨民族类型的服装文化样式。

关于"璀尕""太阳呆"等帽饰，因九河位处山麓，附近山鸡、野兔较多，古时人们将其奉为图腾崇敬，由此衍生出兔子耳朵样式的帽饰"璀尕"，以求人畜兴旺之福泽。而女性在结婚后第二日，便会改戴已婚帽饰"太阳呆"，该帽由多层方帕相叠、帽后缝制搭扣固定而成，层层帕缘皆有花边。附近的纳西族人也接受了这种多层头帕样式，"璀尕""太阳呆"样式的帽饰也成为九河地区的区域标志。

总体而言，九河服饰特色，兼取大理白族和丽江纳西族服饰的优点，但与两者略有差异。九河女子服饰亮于丽江而暗于大理，轻于丽江而重于大理，直取纳西七星羊皮肩，独创"璀尕""太阳呆"等帽饰和挑花的手巾、飘带等装饰物，由此形成了九河地区的区域性服装文化特征。

3）喜洲古镇周城村

喜洲古镇周城村是全国最大的白族自然村，也是云南唯一一个千年古镇，隶属大理市喜洲镇。村庄坐落于大理市北部，西靠苍山云弄峰，东临洱海桃源码头，南距大理古城 25 公里，北连著名的蝴蝶泉景区。214 国道穿村而过，大丽公路在村东侧南北穿行，是北上丽江、迪庆，南下大理、下关的必经之地，水陆交通十分便利。全村 99% 的人口为白族。村民主要从事民族服饰制作销售、扎染、旅游商品制作销售、民居客栈、民族特色餐饮等。经过多年的发展，周城村以白族餐饮、扎染及服装为重点的旅游产业已初具规模。到 2015 年底，周城村有旅游饭店 45 家，扎染作坊 18 户，有一定规模的旅游服装加工企业 96 家。[①]

周城村的房屋建筑多为"三坊一照壁，四合五天井"封闭样式。村子入口处的街道两侧布满商铺，村口后有个很大的集市，集市内大小摊位买卖着吃穿用的各种商品，许多附近村子的村民也多来此购置物品。背着竹筐出门购物仍然是白族人的习惯，即使在年轻人中也是如此（图8.24、图8.25）。

街上的白族中老年妇女日常仍然穿着白族传统或者改良服饰，其服饰是大理洱海周边地区的典型样式。但白族男子与年轻人群已经身着现代装，日常很少穿着传统服饰，只在重要节日才会穿戴。周城村年轻女性中流行的是现代改良版传统服饰，但许多工作的白族妇女即便不穿白族服饰，仍会戴着头饰。在节日里，即使平日不怎么穿白族服饰的年轻白族女性也会穿上传统服饰（图8.26—图8.28）。

周城村最有名的应该是扎染工艺。据《南诏奉圣乐》典故记载，南诏国第六

---

① 《白族 云南省大理市喜洲镇周城村》，中国农村网，http://journal.crnews.net/zgcz/2018n/d4q/ssmzcz/923281_20180514123740.html，访问日期：2023年2月13日。

图 8.24 周城闲逛的白族　图 8.25 周城村集市　　　　　　　图 8.26 火把节身着传统
妇女　　　　　　　　　　　　　　　　　　　　　　　　盛装的白族妇女

图 8.27 街头缝补的白族妇女　　图 8.28 服饰店铺内制作服装

代王异牟寻在唐贞观年间曾派遣使者前往大唐献舞，所穿舞衣为扎染而成，由
此推算，周城村扎染在唐代贞观年间就已经流行。1996 年 11 月，周城村被文化
部命名为"扎染艺术之乡"，白族扎染工艺 2006 年被列为首批国家级非物质文化
遗产。

　　白族的扎染主要采用蓼蓝、板蓝根、艾蒿等天然植物制成的蓝靛溶液为原
料，制品色泽自然，褪变较慢，经久耐用，穿着舒适，板蓝根一类的染料还具有
一定的消炎清凉作用，有益于人体健康。现在的扎染技艺在古技法和现代印染工
艺相结合的基础上，发展出彩色扎染，突破了传统单色扎染在色调上的局限，强
调多色的配合和色彩的统一；利用扎缝时宽、窄、松、紧、疏、密的差异，造成
染色的深浅不一，形成不同纹样的艺术效果（图 8.29）。

图 8.29　位于周城村的璞真扎染博物馆顶上的扎染布

　　周城村的白族一直沿袭着经商和从事手工艺品加工的古老传统习惯，已有 300 余年历史的扎染手工艺是周城村白族人民明末清初以来传承至今的民间传统工艺。扎染布由手工针缝线扎、反复冷染浸制而成，显色青里带翠，凝重素雅（图 8.30）。用扎染布制作的工艺品既充满浓浓的民族风味，又具有现代韵味，集文化、艺术为一体。过去，扎染是白族服饰制作的主要工艺之一，但目前在白族服饰中已经很少出现，如今扎染主要作为单独的布幅工艺呈现。

　　白族扎染纹样品类至今已有上千种，既有简单连续纹样、简单综合纹样，也有复杂组合纹样等。周城村当地一方面仍然传承传统纹样模式，包括传统纹样类型、组合排列方式，现在已开发出 200 多种扎染纹样，图 8.31 是其中的 9 种代表性纹样，染品颜色为传统靛蓝；另一方面则开发了一些现代纹样，有现代艺术

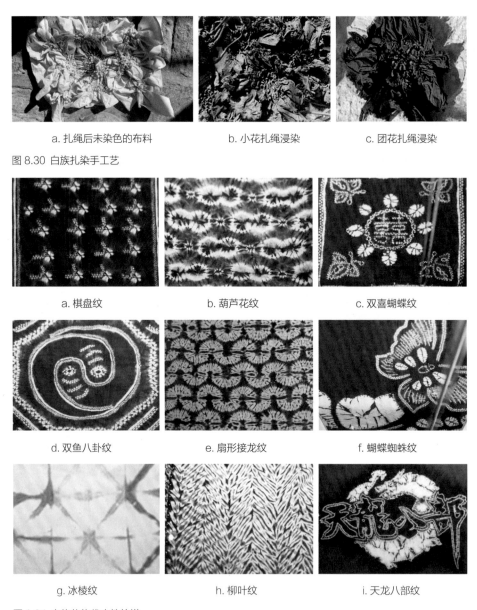

a. 扎绳后未染色的布料　　　　b. 小花扎绳浸染　　　　c. 团花扎绳浸染

图 8.30 白族扎染手工艺

a. 棋盘纹　　　　b. 葫芦花纹　　　　c. 双喜蝴蝶纹

d. 双鱼八卦纹　　　　e. 扇形接龙纹　　　　f. 蝴蝶蜘蛛纹

g. 冰棱纹　　　　h. 柳叶纹　　　　i. 天龙八部纹

图 8.31 白族扎染代表性纹样

扎染、卡通类图案等，排列分布方式不规则，染品颜色多为浅蓝、多色杂糅。为拓展扎染品销路，周城村的相关企业已开发出多种类型的文创产品，如服装、玩偶等。

图 8.32 小白（张翰敏）

在周城已有的 18 家扎染作坊中，"80 后"小白（张翰敏）的作坊无疑是最闪耀的一颗新星（图 8.32）。

小白是大理市喜洲镇周城村人，1983 年 6 月出生，2012 年从北京回家乡创办了白族扎染品牌"蓝续"，如今已成为白族扎染技艺州级代表性传承人，并获得了工艺美术师职称。小白和丈夫张斌都是大理白族人，他们凭借优异的成绩走出故乡，在北京读书就业。但是，为了童年记忆中的那抹蓝，他们毅然回到家乡创业。小白把祖父留在村里的传统白族院落作为创业基地，取名"蓝续"，即把扎染蓝延续下去。"蓝续"成立后，受过当代高等教育的系统训练和大都市文化洗礼的小白，与其他本土艺人起点不同，视角不同，对传统文化技艺与现代商业审美的理解也不同，她清楚现代人的审美和商业市场的瞬息万变，于是积极寻找传统与现代的契合点，她有意识地抓紧收集并整理扎染传统图案。几年的摸爬滚打、苦辣酸甜，"蓝续"从 1 家店开到了 5 家店，春节等节假日生意火爆的时候，客人上门都需要预约排队。她创作的《洱海蓝》《苍山雪》《洱海月》《雪融》《雀之灵》等作品在多项工艺美术设计大赛中获奖。其中，《洱海月》和《雀之灵》作品还入选了 2019 年英国伦敦世界华商大会嘉宾伴手礼。小白还总结出一条生存之道："'蓝续'一定要有利润，因为要让手艺人更体面地生活，但也一定不要利润最大化，因为不能忘了我们守护传统文化的初心。"我想这是众多传统艺人要实现破茧，获得新生，从现代生活重回传统非遗技艺领域时非常值得坚守的信念。

在周城村还能看到白族婚礼中古老而典雅的新娘装束。新娘头上戴的花冠以红色为主，配以黄绿色的许多小绒球，像一座高高的小花山。类似旗袍的大红长袍在进婆家之前要被扯去前衣襟的下半块，以示此后将为人妻人母。胸前用红毛线拴挂一面小镜子，表示与新郎"心心相印"，同时又是驱邪的"照妖镜"。新娘还有戴墨镜的习俗，相传也是为了避邪（图 8.33）。

　　周城村的婚房门上悬着由镜子和筷子组成的"镜筷生子"，寓意"尽快生子"。婚房内主要布置扎染、刺绣制品（图 8.34）。

　　白族刺绣取材自然，主要包括生殖崇拜、吉祥纳福、避邪消灾和宗教信仰等内容。白族刺绣是一项十分传统，又很有艺术感染力的民间艺术。在白族婚礼中，刺绣制品是不可缺少的嫁妆。此外，白族民居的竖柱、上梁及白族服饰中也有刺绣元素和刺绣制品。白族刺绣运用最多的是花形纹饰，常见刺绣技法有平绣、打结绣、打籽绣、十字绣、贴布绣、立体绣等（图 8.35—图 8.38）。

a. 扎染创意服饰

b. 创意扎染布捆绳作头饰

c. 戴目镜和挂镜子的结婚服

图 8.33 使用扎染工艺的创意白族新娘服饰

b. 门上"镜筷生子"装饰

c. 柜子上的刺绣装饰

a. 传统婚床　　　　　　　　　　　　　d. 包头、绣花鞋

图 8.34 周城村传统婚房

图 8.35 白族贴布绣虎头帽　　　图 8.36 白族儿童现代拼贴绣帽

图 8.37 白族刺绣围兜   图 8.38 白族刺绣背扇

　　在周城村及周边地区，除了声名鹊起的扎染技艺外，还有手艺精湛的白族刺绣技艺传承人。

　　杨美池（图 8.39），大理芸作·白族银绣工作坊白族刺绣非遗传承人。她出生于白族刺绣世家，从小就跟随母亲和祖母学习刺绣。她 10 岁便会刺绣，17 岁起专门从事白族刺绣成品加工，成为周城村新一代白族刺绣艺工。她继承和创新了平绣、锁绣、打花、挑花、盘绣等 17 种白族传统刺绣技法，成为周城村最会绣花的绣娘之一。2018 年年末，杨美池与家人投入 80 多万元，在自家院落成立了大理市喜洲镇芸作银绣工作坊。工作坊实行社区运营的模式，解决了部分当地妇女就业难的困境。杨美池在这里长期传授刺绣技艺，与工作坊一同研发刺绣文创产品，大家共同劳作，努力将白族刺绣这门美丽的技艺传播开来。

　　张莉（图 8.40），大理市喜洲镇周城村村民，白族民间刺绣、绘画艺人。她 12 岁时开始自学刺绣、绘画等，后来就开始为当地白族村民提供刺绣作品。2020 年，张莉创办了大理市蝶恋花刺绣工艺品有限公司，建筑面积 227 平方米，用地面积

图 8.39 杨美池在工作坊做刺绣　　　　　图 8.40 张莉（左 2）在指导绣娘刺绣

180 平方米，教室、活动室 120 平方米，活动场所面积 60 平方米。近年来，张莉已 10 余次前往山区农村，为贫困地区 400 余人传授刺绣技艺，为当地群众致富贡献了一份力量。

　　施达（图 8.41），大理州鹤庆县金墩乡邑头村人，2000 年 9 月出生，白族服饰（鹤庆甸南白族刺绣）县级代表性传承人，被称为"00 后'绣郎'"。甸南刺绣最有代表性的作品便是雍容华贵、端庄大方的新娘装。施达的白族刺绣传承源于奶奶。奶奶去世时，那年 13 岁的施达看着逐渐兴起的甸南刺绣新娘装，翻出奶奶曾经绣过的衣领，开启了自学之路。为了学习传统的甸南刺绣，施达利用假期走访了鹤庆的很多村子，向各个村的老人请教过去的刺绣花样、配色和针法等。尽管多次碰钉子，但是他从未有过退缩放弃的念头。靠着自己的不懈努力，施达的刺绣手艺逐日精进。2020 年 10 月，施达成为鹤庆县第八批非物质文化遗产项目白族服饰（鹤庆甸南白族刺绣）的代表性传承人。

图 8.41 施达（右 1）在指导绣娘刺绣

◦ 调查小结 ◦

　　作为民族服饰文化研究者，我们一直在思考民族传统文化，尤其是民族地区的传统手工技艺如何在乡村振兴中得到新生，如今看来，外来援助和推动必不可少，但更重要的是本土内生动力的激发和启动。本土年轻的非遗传承人比上一辈更了解市场和消费者需求，懂得设计和产品创新，熟悉现代营销手段，能把现代设计和市场元素注入非遗的改良和创新中。带着新思路、新想法的年轻人正在摸索出一条以非遗传承促进乡村振兴的路子，让非物质文化遗产和民间优秀传统技艺在乡村振兴中焕发更持久的生命力。他（她）们才是实现乡村振兴的最重要的推手。在这次苍山洱海的调查中，我看到这种新势能正在悄然崛起。

　　本次调研以环洱海周边民族地区为主要采风点。我们感受了白族地区的自然环境和人文历史，参观了多种形式的博物馆、古镇、古街、古建筑，拜访了多名制作白族、傈僳族民族传统服饰的手艺人，也进一步了解了白族、傈僳族、纳西族等少数民族的服饰、刺绣、扎染、火草纺织等的实际面貌。调研者也从不同角度的亲身体验中，感受到了自然、历史、民族交融、民族性格和民族文化、民族宗教在族民服饰文化生活中留下的痕迹。"火草"留给傈僳族生生不息的激情，"风花雪月"是白族人对苍山洱海的祭奠，"璀汆""太阳杲""披星戴月"则见证了白族与纳西族水乳交融的民族融合之情……

　　本次调研获得照片共计3101张、视频37分钟、录音7分钟，我们从中选取了能体现地区民族特色和风貌、服饰文化和技艺多样性、具有独特性的调研对象和事例与大家分享。

九　贵州布依族

　　这次我们的调研对象是黔南与黔西南的布依族（图9.1）。布依族总人口约为3576752（截至2020年年末），主要分布在贵州、云南、四川等省，其中，贵州省的布依族人口最多，占全国布依族人口的97%。布依族主要聚居在黔南和黔西南两个布依族苗族自治州。布依语属汉藏语系壮侗语族壮傣语支，与壮语有密切的亲属关系。布依族与汉族的文化接触和交流也比较多。按布依语划分，有黔南、黔中、黔西三个土语区。1956年，中央人民政府组织专家创制了以拉丁字母为基础的布依族拼音文字方案。该方案经过两次修订，现在布依族地区重点推行。在布依族聚居区，苗岭山脉盘亘其中，山的主脉由西向东延伸，支脉绵亘全区，主峰云雾山在都匀、贵定之间。西北部有乌蒙山，由滇延伸至黔，海拔多在2500～2800米，其中韭菜坪达2900米，是贵州高原最高峰，也是贵州高原珠江水系和长江水系的分水岭。[①]

　　布依族源于古"百越"，秦汉以前称"濮越"或"濮夷"，布依族也自称"濮越"或"濮夷"，用汉字记音写为"布夷""布依"。西汉时的"夜郎"国与布依族有一定渊源关系。西汉以后，汉王朝统一"夜郎"地方政权，置牂牁郡。从此，布依族地区和中原地区的接触逐渐增多。魏晋时期，布依族与壮族关系密切，宋代称壮族为"壮"。唐宋时期，中央对布依族与壮族皆实施"羁縻政策"。元朝，两个民族开始分迁。明清时期，由于长期分居，逐步形成了布依与壮两个民族。清雍正年间大规模推行改土归流以后，统治布依族地区达一千多年的羁縻制度和

图9.1　布依族（图片来源：国家民族事务委员会官网布依族）

① 《布依族概况》，中华人民共和国国家民族事务委员会网，https://www.neac.gov.cn/seac/ztzl/byz/gk.shtml，访问日期：2023年2月17日。

土司制度结束。

布依族信仰祖先和多种神灵，山、水、井、洞及生长奇特的古树无不被其认为是神灵的化身，各村寨都建有土地庙。"摩教"是布依族信仰的宗教之一，是介于原始宗教与人为宗教之间的类型，其宗教职业者分为"布摩"和"摩雅"。布摩是通过学习而成的，其需要在师父的带领下学习一系列的经文和仪式程序，能够继承师父的衣钵便可出道。布摩尊奉"报陆陀"（壮族称"布洛陀"，是壮族与布依族共同的始祖公）为开山祖师。在布依族各种祭祖活动中，首要的仪式是恭请"报陆陀"莅临，以示整个祭祀活动的权威性。在摩经里，"报陆陀"具有超凡的力量和智慧，能够洞察古今，解决人世间任何难题。布摩有较为完备的祭祀经典——摩经（《殡亡经》《古谢经》等），还有比较固定和规范的宗教礼仪。①

我们从黔西南州首府兴义市出发，对兴义市周边的南龙古寨与纳灰村（两个都是国家级民族特色村寨）、楼纳村的布依族进行调研（图9.2）。

黔西南布依族苗族自治州设立于1982年5月1日，是全国30个少数民族自治州之一，地处滇桂黔三省区结合部，属珠江水系南北盘江流域，是三省区毗邻地区的商业集散地和通衢要塞，素有"西南屏障""滇黔锁钥"之称。②

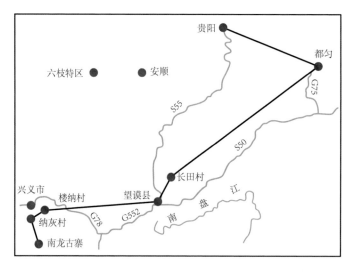

图9.2 黔西南州布依族调研路径

---

① 《布依族概况》，中华人民共和国国家民族事务委员会网，https://www.neac.gov.cn/seac/ztzl/byz/gk.shtml，访问日期：2023年2月17日。

② 《州情介绍》，黔西南州人民政府网，http://www.qxn.gov.cn/zjjz/，访问日期：2023年2月17日。

1. 南龙古寨

1）南龙古寨风情

南龙古寨有 600 余年的历史，较完整地保存了布依族的生活习俗及生活文化，以布依族典型的吊脚楼建筑为主，村寨整体保存完好。南龙古寨属山区河谷地貌，是迄今为止兴义市境内发现的自然风光优美、民族文化氛围浓郁、保存最为完整的布依族古老村寨之一。寨内 160 多栋布依族干栏式吊脚楼若隐若现，按九宫格、八卦形排列，寨中巷道环环相扣、道道相通，寨中约计 360 棵古榕树拔地而起，盘根错节地围护寨落。其中树龄在 500 年的就有 108 棵，奇崛遒劲、独树成林。南龙古寨长期处于与世隔绝、自给自足的状态，正因如此，其至今依旧保持了最原始纯朴的村落环境和生活习惯。通往南龙古寨寨门（图 9.3）的山路原本崎岖不平，成为国家级民族特色村寨后，现在已修建为整齐的石条台阶，沿路村舍多从事山耕经济。据当地人介绍，南龙古寨历史悠久，"南龙"是布依族古地名，布依族语意为"山谷间的小田坝"。布依族先祖一部分是土著人，一部分是明洪武年间"调北填南"迁移而至的"屯民"，还有一部分原为壮族，因地域关系 1959 年划为布依族。

寨子保留着原始的村落布局和建筑形态，村中以石头小路为主，道路不平整，路边没有扶手，道路之间有明显高度差。村内老人已然走惯了这样的道路，刚下过雨的路十分湿滑，但他们依旧稳稳地行走在村寨之间。

布依族房屋依山而建，讲究屋基选择和房屋方位，注重排水、通风和采光。传统的建筑形式有吊脚楼和平底楼两类。吊脚楼古称"干栏"或"麻栏"，积木而

图 9.3 南龙古寨寨门

成，上层住人，下层囤牲畜和堆放家具、柴火等。平底楼多为砖木结构或木石结构。村落多木质吊脚楼建筑，建筑之间相距很近，村民可以直接呼喊交流。寨民往往会将砍伐的木枝堆放在屋外，房屋外沿以竹竿做篱笆划分院落。民居多位于地势较高的地方，外部多植被，屋外有石头阶梯相互连接。村内民居二楼多为围栏设计，空间较大，便于行走。

在走访中我们了解到，前几年政府出于对布依族传统建筑的保护，对当地进行了开发，大量的原始居民迁出了村寨，人搬走了，留下的空屋如落花般凋零（图9.4、图9.5）。

现今只有少量的布依族老人和小孩还住在村里。他们都保持着原来的生活习惯，如手工绣花制衣、砍柴、烧火、古法酿酒等。即便如此，只要有布依族人住的地方，就会有阳光和鲜花（图9.6—图9.9）。

图9.4 空置的南龙古寨吊脚木楼（一）　　图9.5 空置的南龙古寨吊脚木楼（二）

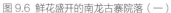

图9.6 鲜花盛开的南龙古寨院落（一）　　图9.7 鲜花盛开的南龙古寨院落（二）

图 9.8 外来游客也会让古寨发光　　　图 9.9 留守村寨的老人生活一隅

　　在南龙古寨的山脚，还有一处青砖黛瓦、飞檐斗角的建筑群（图 9.10），据说是在明朝"调北填南"中留下来的徽派建筑。据村里人说，这些移民大部分是从湖北、江西等地过来的，他们在贵州当地设立了上五府、下八府，其中的南龙府就是南龙古寨。后来因古村水源不足，这些移民又迁徙到今天的安龙，建立了南隆府。

　　布依族人穿的传统服饰几乎都是自己做的。我们看到寨里一户人家的中年妇女借助窗口射进来的光线，正在用脚踏缝纫机缝制服装。我们进去与她聊了几句，她说自己做的都是寨里左邻右舍的传统服装和一些包袋，有时候也做几件好看（指色彩比较鲜艳）的民族服装租赁给游客拍照，但很少有人买。有时候做些

图 9.10 南龙古镇山下"调北填南"时留下的徽派建筑

手绣包袋等小东西，会有些从城里来的游客买。是啊，今天的南龙古寨也像西南地区其他少数民族一样，把原用于自产自销的服装等生活用品自觉转化成为适应旅游市场的产品。村里留下的一些居民一边过着传统的农耕生活，一边靠民族服装、刺绣等手工艺产品赚点生活费（图9.11）。

a. 挎着绣花包的阿婆　　　　b. 用脚踏缝纫机的裁缝　　　　　　　c. 刺绣布艺

图9.11 南龙古镇里的裁缝店（苏丹卿摄）

2）韦仕琴的扎染工坊

寨里有个非遗染织手工作坊和布依族传统工艺研习馆，这都是韦仕琴开办的，主要生产扎染、刺绣等手工艺品，并进行民族服饰制作和传习（图9.12）。韦仕琴是黔西南州级布依族扎染非遗传承人，现年75岁。老人家总随身带着一个手工制作的花盒子，外层是蓼蓝叶子制成的纯天然染料所印染的蓝布，摊开一看，里面都是各式各样的剪纸花朵（图9.13）。每一个花盒子分工明确，这个装针线，那个装花样儿，这些都是她视若珍宝的东西。作坊中的产品都是南龙古寨

图9.12 韦仕琴（中）和她的扎染厂（韦仕琴提供）　　图9.13 剪纸花样（韦仕琴提供）

中的布依族人手工制作，游客可以在此购买布依族传统织布、刺绣、印染工艺制作的服装和工艺品，也可以实践体验这些传统工艺。

生活在南北盘江两岸的布依族，一直保留着传统的民族服饰。布依族的男子服饰和女子服饰有很大的区别，但服饰都由布依族妇女用自纺、自织、自染、自绣的布料缝制而成。靛染所用的靛是用蓼蓝草浸泡过滤制成的。人们用靛青把布染成深蓝、中蓝、浅蓝、灰、深灰、青色和月白色等色泽。染布分大缸和小缸，大缸洗染，织前染色的有花蓝格子头帕、头巾、白底花蓝格子带等。织后染色的有用早晨的阳光和露水等材料以古老方法漂白后的布料，若染青布就在家庭小缸进行染制，若染其他颜色就需要到洗染专业户那里去染制。洗染前，首先把蓝靛放入大染缸，加适量的水、石灰、白酒、土碱等原料，发生化学反应后再放白布，要多次取放、冲洗，直到把布染成所需颜色。然后把牛皮熬成的胶上在布料上，用脚踩石滚把布滚平至有光泽为止。用小缸染青布，就是把蓝靛放于小缸中，放适量的水，加适量的石灰、土碱、白酒或米酒等原料，使其起化学反应之后，把白布用水煮后下缸。下缸后，每天取放三次，三天冲洗一次，这叫"头风"。好的染缸只需要染三风，不好的染缸，则要染四风才可"上药"。"上药"是指取野糖梨树皮和红籽刺皮加清水熬成紫红色的水汁，把已染上色的布放于紫红色汁中浸染，取出晒干，再次下染缸进行浸染，同样需每天取放三次。三天后，经过最后一次冲洗，晒干后，即成理想的青布。染青布的工序有以上三道，缺一不可，尤其是"上药"就跟冲洗相片时定影和上光一样重要。有了这些材料，就可以制作服饰了（图9.14、图9.15）。

3）南龙古寨的"布达拉宫"

在南龙古寨的最高处供奉着布依族始祖"报陆陀"的神像（图9.16），这是全贵州省唯一一座布依始祖的像，因此这里又被称为布依族的"布达拉宫"。"报陆陀"是布依族译音，指"山里的头人""山里的老人"或"无事不知晓的老人"，也可以引申为"始祖公"。布依族与壮族在唐代以前是同宗，壮族（布依族）的创世史诗《布洛陀》以诗的形式，讲述了天地日月的形成、人类的起源、各种动植物的来历，以及远古人们的社会生活等，歌颂了布洛陀（报陆陀）成为壮族（布依族）始祖的神话故事和他创世的伟大业绩。

无论是历史发展或是民族心理认同，还是至今为"报陆陀"举行的祭祀活动的一致性，都表明"报陆陀"是布依族与壮族共同的人文始祖公，这是毋庸置疑的。"布洛陀"2006年已被成功列入第一批《国家级非物质文化遗产代表性项目

图 9.14   扎染厂陈列的扎染饰品

图 9.15   身着扎染服装的扎染厂工人

图 9.16   "报陆陀"神像

名录》。根据中国非物质文化遗产网有关该项目的内容，其所属地区为广西壮族自治区田阳县，保护单位是田阳县文化馆，其传承人为广西壮族自治区田阳县的黄达佳；"布洛陀"在中国非物质文化遗产网上的介绍内容为："布洛陀是壮族先民口头文学中的神话人物，是创世神、始祖神和道德神。《布洛陀》是壮族的长篇诗体创世神话，主要记述布洛陀开天辟地、创造人类的丰功伟绩，自古以来以口头方式在广西壮族自治区田阳县一带传承。大约从明代起，在口头传唱的同时，也以古壮字书写的形式保存下来，其中有一部分变成壮族民间麽（摩）教的经文。《布洛陀》的内容包括布洛陀创造天地、造人、造万物、造土皇帝、造文字历书和造伦理道德六个方面，反映了人类从茹毛饮血的蒙昧时代走向农耕时代的历史，以及壮族先民氏族部落社会的情况，在历史学、文学、宗教学、古文字学、音韵学和音乐学研究等方面有一定的学术价值。布洛陀口传诗体创世神话在内容上具有原生性特点，在漫长的口头传承过程中，经过一代代的不断加工和锤炼，艺术性也得到了完善和提高。它不仅可以帮助人们认识历史、满足人们的生活需求，还具有教化的作用。"[1]

---

[1] 《布洛陀》，国家级非物质文化遗产网，https://www.ihchina.cn/project_details/12180/，访问日期：2023 年 2 月 17 日。

2. 望谟长田

望谟县位于贵州南部、黔西南东部，1940 年建县，因布依族方言"王母"谐音而得名。望谟县是典型的少数民族聚居县，居住着布依族、苗族、瑶族等 19个少数民族，他们占全县总人口数的 80.2%。布依族人口占全县总人口 63.8%，望谟县也是全国布依族人口最多的县。此外，望谟县已获得"中国布依纺织文化之乡""中国布依古歌之都"等荣誉称号，其"三月三"布依族文化节已被列入第三批《国家级非物质文化遗产代表性项目名录》。[①]

1）"90 后"的王封吹

在望谟县，我们要走访的是"90 后"布依族女孩王封吹（图 9.17）。2015 年，王封吹大学毕业，与大多数女孩一样，她被家里人要求进入一个稳定的工作单位，她也因此进入银行系统工作，但很快发现自己的兴趣不在此，而自己对民族传统手工技艺的兴趣却与日俱增。尤其当她发现这些技艺几乎只有五六十岁或者年纪更大一些的老年人在做、没有人传承时，她更觉得自己有责任去做些什么。2018 年 1 月，王封吹终于实现这个愿望，她在望谟县政府的优惠政策支持下，进驻易地扶贫搬迁安置点——蟠桃园社区，组建了贵州山谷花文化创意有限公司，走出了实现自己梦想的第一步。从此，她以挖掘传承和推广弘扬少数民族文化资源，将少数民族特有的服饰，以及刺绣、蜡染、扎染、编织品等工艺品与时尚的创意设计元素相融合，打造具有民族特色又不失现代美感的民族品牌为己任，走上了民族纺织服装创业之路。

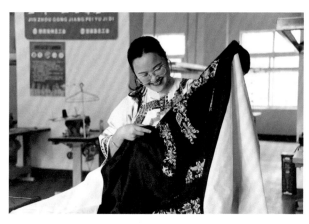

图 9.17　车间里介绍产品的王封吹
（王封吹提供）

---

① 《望谟简介》，望谟县人民政府网，http://www.gzwm.gov.cn/zjwm/，访问日期：2023 年 2 月 16 日。

a. 参加展销会

b. 与拍档一起手工纺线

c. 在公司里直播

图 9.18 王封吹的民族服饰创业之路（王封吹提供）

"这是我们结合现在年轻人喜好设计的婚纱，设计出来后好多女孩都争着预订，我们还靠这件婚纱拿了望谟县'三月三'民族服饰设计大赛二等奖呢！"走进贵州山谷花文化创意有限公司展示厅，融合了布依族元素的服饰等特色产品琳琅满目，王封吹热情地向我们介绍着这些产品。这是一个现代制造与传统手工艺兼容的公司，宽敞的钢筋水泥楼房内，高速缝纫机与手工纺车并置，是一个小型的现代工厂。

大学生回乡创业，眼界广、想法多、思路宽，在传承本民族传统技艺的同时，善于进行跨界融合、多元素嫁接、多渠道拓展。如今，王封吹经常会带领团队设计新产品去参加各种展销活动，并自己开展直播运营。公司有抖音、快手等账号，在主动与市场对接的过程中，账号粉丝数增长不少（图 9.18）。年轻的民族传统技艺传承人与时俱进的创业方式大大拓展了民族服饰产品市场，带动了年轻一代对具有与民族文化元素的新产品消费热情，这是非常令人欣慰的。

2）布依八音

我们去的长田村是"布依八音"的发源地。因疫情，我们无法看见"布依八音"的现场表演，听村办工作人员介绍，2006 年 5 月 20 日，由贵州省兴义市文化馆申报的布依族八音坐唱经国务院批准，已被列入第一批《国家级非物质文化遗产代表性项目名录》，兴义市文化馆为保护单位。吴天玉，男，布依族，1954年生，贵州兴义人，2017 年 8 月 10 日入选为第二批国家级非物质文化遗产项目布依族八音坐唱代表性传承人。①

村办工作人员还提供了一些他们收集的资料，这些资料上记载，八音早在唐宋时期就流传于南北盘江的贵州兴义、安龙、册亨、望谟等布依族聚居区。宋人周去非在《岭外代答·平南乐》中称："广西诸郡，多能合乐，城廓村落，祭祀、婚嫁、丧葬，无一不用乐，虽耕田亦必口乐相之，盖日闻鼓笛声也。每岁秋成，众招乐师教习弟子，听其音韵，鄙野无足听。唯浔州平南县，系古龚州，有旧教坊，乐甚整异。时有教坊得官，乱离至平南，教土人合乐，至今能传其声。"

元明时期，八音演唱内容加入了民俗、喜庆的内容，并吸收了其他戏曲特点。到了清代，《清稗类钞》中称"八音以弹唱为营业之一种，所唱生、旦、净、丑诸戏曲，不化妆……"至此，八音已发展成为曲艺演唱形式。新中国成立后，兴义市布依八音队多次应邀参加国内外演出，被誉为"盘江奇葩""凡间绝响"等。

布依八音坐唱由纯器乐曲依次发展为表演唱、八音坐唱，之后又延展至布依戏曲，形成四种音乐形态同宗的独特景象。而且，这四种音乐形态并没有被历史的浪"淘尽"，而是同时存世，形成"四乐同堂"，殊显难能可贵，这也为研究民间文艺的沿革发展提供了活标本。

小贴士

　　布依族八音坐唱又叫"布依八音"，是布依族世代相传的一种民间曲艺说唱形式。千百年来，它一直在南盘江流域的村村寨寨传承延续着。据传，布依八音的原型属于宫廷雅乐，以吹打为主。元明以后，由于布依族民族审美意识的作用，逐渐发展为以丝竹乐器为主伴奏表演的曲艺形式。据有关资料记载，明清时期，

① 《吴天玉：国家级非物质文化遗产代表性项目（布依族八音坐唱）代表性传承人》，中国非物质文化遗产网，https://www.ihchina.cn/ccr_detail/2366，访问日期：2023 年 2 月 16 日。

布依八音曾一度盛行。在盘江流域布依族村寨普遍开设有教乐坊"八音堂"，专门传授布依八音技艺，演出八音坐唱的八音队多时达到三百余支。新中国成立后，兴义市布依八音队多次应邀参加国内外演出，被誉为"盘江奇葩""凡间绝响""声音的活化石""南盘江畔的艺术明珠"。八音坐唱的表演形式为8人分持牛骨胡（牛角胡）、葫芦琴（葫芦胡）、月琴、刺鼓（竹鼓）、箫筒、钗、包包锣、小马锣等8种乐器围圈轮递说唱。表演以第一人称的"跳入"唱叙故事，以第三人称的"跳出"解说故事，也有加入勒朗、勒尤、木叶等布依族乐器进行伴奏的情形。演唱时，男艺人多采用高八度，女子则在原调上进行演唱，这样不仅可以产生强烈的音高和音色对比，还能增加演唱的情趣（图9.19）。②

图 9.19　布依族八音坐唱

3）长田布依族服饰

历史上布依族妇女服饰形制发生变化比较明显的是上衣的长度和下装形制。清初，布依族妇女"衣短裙长，色惟青蓝、红、绿花饰为缘饰。裙以青布十余幅细折，镶边，委地数寸。腰以宽长带数围结于后，带垂若翅"（《南笼府志·地理志》）。《贵州通志·南蛮》载："布衣'短衣长裙，首蒙青花布手巾'。"道光到宣统年间，布依族妇女仍普遍穿衣脚圆而镶花边的各色短衣和各色百褶长裙，包花格头帕。直到新中国成立初期，仍有少数布依族妇女穿短衣长裙，但大部分妇女则已改裙为裤，衣长过膝，袖宽尺许，衣裤边缘镶有五颜六色的"栏杆"，鞋式为船形绣花鞋或毛边布鞋。这种装束一直保留在南北盘江两岸的布依族，长田布依族服饰就属这一类。

---

① 《布依族八音坐唱》中国非物质文化遗产网，https://www.ihchina.cn/project_details/13668，访问日期：2023年2月16日。

长田布依族村落位于山谷河流两岸，由数个大小不一的自然村寨组成。偏安一隅的自然环境让这里受外来文化影响较小，所以这一地区的布依族服饰和习俗保存得较为完整。当地布依族妇女，大多都穿黑色大襟交领衣，领襟和袖臂有贴补绣拼贴，上装是窄领、胸宽、右侧开扣，肩部均是三寸青布盘肩并镶花边，衣袖宽口，袖口用五寸青布接成，接头镶"栏杆"，衣长及臀部，边幅前后都呈弧形；下装着自染的青色吊裆直筒土布裤，裤口尺许，毛边，脚穿各种布鞋或胶鞋等；扎镶有"栏杆"的围腰带，打活结，使其垂吊于背后腰带处，裤外加蓝黑配色的百褶围裙，头上包黑色布白和黑条纹布组合的角头（图9.20、图9.21）。

图9.20 长田布依族服饰（黎敬程摄）

图9.21 长田村布依族村民

4）望谟长田铜鼓

铜鼓，布依语称为"年"，铜鼓是布依族的"重器""神器""礼器""乐器"，珍而秘藏，多为家族集体共有。望谟县还保存着一公一母两面铜鼓，只有在"办斋"等祭祀活动时会拿出一面敲击，意在沟通天地与人神。两面铜鼓由全村人轮流守护，每家存放一年，但是两面铜鼓不能存放在同一处。当地人介绍说，两面铜鼓同时使用必定是在发生非常重大的事件时，但是很多年都没有这种情况了，也不知道下一次是什么时候。

布依族把铜鼓视为有灵性之神物，因此平时将其保管在寨中有一定威望的人家。珍贵的铜鼓在场面恢宏的庆典活动、重大的民族节日或送葬等隆重场合才会被使用。用时需在其两耳系上红绸，请出来挂在堂屋中，然后举行庄严神秘的"铜鼓送迎仪式"。

据史书记载，布依族先民在2000多年前就开始铸造铜鼓了，传说铜鼓是布依族先祖古百越"骆越"一支所造。《后汉书·马援传》中记载，"马援出征交趾，得骆越铜鼓"，到晋代有"俚僚铸铜为鼓"（《广州记》）的文字记载。布依族保存

的铜鼓基本上属于"麻江型"铜鼓，用青铜铸造，呈圆墩形，鼓面圆而平，面径
不超过 50 厘米，重量为 10～15 千克。鼓身分胸、足两段，连接部分略向外突，
曲腰、中空，底部为圆形敞口，两侧有耳孔。鼓面正中有光体，其外十二角光
芒，芒间无纹，芒外一、四、六晕饰乳钉纹，二晕饰蕨叶纹，三晕饰"万"字纹，
五晕饰勾连云纹，鼓身素面无纹。鼓面正中十二角光芒，每一芒代表十二地支中
之一支，且有唱词述之：长男在子方，次男在丑方，小男在寅方，长女在卯方，
次女在辰方，小女在巳方，长妇（媳）在午方，次妇（媳）在未方，小妇（媳）
在申方，长孙在酉方，次孙在戌方，小孙在亥方。十二角光芒代表十二地支，
十二方位的大神均收入十二芒中（图 9.22）。

a. 铜鼓造型　　　　　　　　　　b. 铜鼓鼓面（公型）的纹饰

图 9.22 长田布依族铜鼓造型及纹饰

3. 黔南州韦祥龙的吾土吾生工坊

吾土吾生工坊是由"85 后"布依族青年韦祥龙在贵州省布依族苗族自治州
都匀市创建的民艺工作坊。对于品牌，韦祥龙这样解释："'吾土吾生'就像是
我的土地、我的生命、我的生活。这个东西很'土'，但是可以从中找到新生与
生机。"

韦祥龙从 2007 年考入四川美术学院后便开始利用假期自费对布依族服饰文
化进行田野调查。2011 年从美院毕业后，他辞掉了贵州省建筑设计研究院的工
作，在家人的支持下重建家中的染坊，开始了恢复都匀的布依族蓝靛染织技艺
这份事业。韦祥龙为科班出身，具有良好的设计能力，熟悉并善于运用网络等
现代媒体手段进行品牌宣传，多次参加各类赛事展会，积极推广布依族蓝靛染
织工艺及文化，"吾土吾生"品牌逐渐受到业界关注。多年的苦心经营和积淀使

韦祥龙打通了文化品牌的树立—布依族蓝靛染织技艺的传承—文化创意产品的开发这一非遗文创通道，"吾土吾生"这一品牌也实现了较好的经济效益和社会效益。为此，中央电视台的大型纪录片《穿在身上的中国》将韦祥龙与布依族蓝染服饰故事收录于其中，凤凰卫视等媒体亦对他的事迹做了报道，孔子学院的全球法语区发行杂志《孔子学院》布依族专题也邀请了韦祥龙作执行主编和服饰文化专栏作者，他设计的"黔南航空"空乘服饰登上了文化部非遗传承人研修培训计划的官方公众号，《中国青年报》对他进行了专题采访。现在，韦祥龙进一步把工艺传承项目中的布依族手工色织土布、布依族枫香染、水族马尾绣三大类传统技艺融入布依族服饰设计中，将传统布依族服饰进行改良创新，推出服装配饰、包、茶道布艺、家居布艺、染织壁饰、陶艺等全品类的布依族特色产品（图 9.23—图 9.25）。

　　这次调查中，贵州黔南州非物质文化遗产保护中心的卢延庆主任告知我们，"布依族服饰"已被列入第四批《国家级非物质文化遗产代表性项目名录》。布依族南明区二戈村布依族中有一种独特的刺绣针法——"吊三针"，这一针法绣出

图 9.23 韦祥龙（右 1）带领调查组
参观公司

图 9.24 "吾土吾生"工坊内产品

a. 布依族背扇   b. 布依族花衣

c. 大襟衫外观   d. 大襟衫内搭

图 9.25 韦祥龙的布依族服饰收藏品

来的花样有半浮雕感。二戈村的岑先兰是这种刺绣技艺的非遗代表。如今，在岑先兰的带领下，许多人开始学习"吊三针"技法，连 80 岁的老太也被唤醒了遗忘的技艺（图 9.26—图 9.28）。

图 9.26 "吊三针"刺绣

图 9.27 岑先兰在用"吊三针"绣图案

（图 9.26—9.28 由黔南州非遗中心提供）

图 9.28 80 岁老太的"吊三针"绣花作品

调查小结

　　梳理完布依族服饰文化调查资料，面对布依族文化历史上的来龙去脉和星星般闪耀的传统文化成就，笔者感慨万千，更加体会到费孝通先生提出"中华民族多元一体"的内涵和智慧。布依族与壮族在宋代以前还同属一个家族，在社会变革推动下，他们从聚而散，又在迁徙过程中因地缘不同而形成了各自的生活形态和习性，但有其根部基因，精神上的寄托就不会变，如他们都认为报陆陀/布洛陀是自己的始祖公，并在祭祀活动中始终如一地对其供奉和膜拜。由此生发出来的基因要素在与自然生活环境、物质生产条件等的有机组合中形成了一个民族特有的民族气质和文化特征，具体反映在文学、音乐、艺术以及衣食住行等日常行为之中，这便使我们能够用思想去感知，用身心去体验，从而对我们关注的对象有一个本质、系统、完整、全面的认识。服饰文化就是这种认知过程中的载体和交汇点之一。本着这样的思想，我们在如繁星般洒落黔西南、黔南州等大山之中的布依族、壮族以及其他所有已证实的单一民族中寻找其独特的文化气质特征和表现形式。由此，我们就能辨识出望谟长田的布依族服饰色彩较南龙古寨的更为艳丽这一色彩属性，黔西南州的布依族与黔南州布依族服饰文化之间的异同处及其背后的生成原因。

　　此次调研共拍摄照片 1000 多张，视频 12 分钟，按照以上的认知逻辑，我们从中选取了一些最能代表布依族服饰文化气质和与之关联的宗教信仰、民艺民技、生活习俗以及服饰形象的图文资料进行汇编。

十　湘西苗族

　　苗族是中国多民族大家庭中极其古老的一员，主要聚集在国内西南和中南8
省（区、市）。此外，东南亚各国及欧美部分国家亦有分布。湖南苗族是国内苗
族的一大分支，主要分布在湘西土家族苗族自治州（以下简称"湘西州"）、邵阳
市的城步苗族自治县、怀化市的麻阳苗族自治县和靖州苗族侗族自治县。[①] 湘西
土家族苗族自治州位于湖南省西北部，地处湘鄂渝黔四省市交界处，辖7县1市
115个乡镇（街道），面积1.55万平方公里。截至2021年，湘西土家族苗族自治
州总人口291.06万，其中以土家族、苗族为主的少数民族占80.5%。[②]

　　凤凰县位于湘西州西南部，截至2020年末，全县人口42.11万，其中苗族
24.9万人。[③] 根据当地人的描述以及一些文献资料记载，该地苗族支系属于红苗。
苗族文化是湘西文化的重要组成部分。因地理环境的特殊、宗教信仰的多元，湘
西苗族形成了独具特色、充满神秘色彩的地方文化，最有特色的是"苗族赶秋"
（图10.1）。2014年，"苗族赶秋"作为"农历二十四节气"的扩展项目入选《国家

图 10.1 苗族赶秋迁徙舞（周建华摄）

---

① 李显福、梁先学：《湖南苗族风情》，岳麓书社，2012，第1页。
② 《湘西概况—州情介绍》，湘西土家族苗族自治州人民政府网，http://www.xxz.gov.cn/zjxx/xxgk_63925/zqjs/，访问日期：2023年2月5日。
③ 《凤凰概况》，凤凰县人民政府网，http://www.fhzf.gov.cn/jrfh/fhgl/gkjs/，访问日期：2023年2月5日。

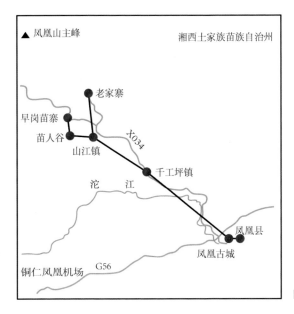

图 10.2 湘西苗族调研路径

级非物质文化遗产代表性项目名录》。2016 年 11 月 30 日，中国申报的"二十四节气——中国人通过观察太阳周年运动而形成的时间知识体系及其实践"被列入联合国教科文组织《人类非物质文化遗产代表作名录》。①

　　本次调研于 2022 年 7 月在湘西州凤凰县城及周边的早岗苗寨、老家寨等地展开（图 10.2）。

　　凤凰县属于湖南省湘西土家族苗族自治州所辖八县市之一。东与泸溪县交界，南与麻阳县相连，西同贵州省铜仁市、松桃苗族自治县接壤，北和吉首市、花垣县毗邻，史称"西托云贵，东控辰沅，北制川鄂，南扼桂边"。截至 2020 年年末，全县总人口 42.11 万，由苗族、汉族、土家族等 28 个民族组成。在总人口中，少数民族人口 33.33 万，占总人口的 79.15%；在少数民族人口中，苗族 24.9 万人，占总人口的 59.13%。由此可见，凤凰县是一个以苗族为主的少数民族聚居县。凤凰古城 2001 年成为"国家历史文化名城"，2006 年、2012 年两次被列入《中国世界文化遗产预备名录》，被誉为"中国最美丽的小城"，还曾入选"2020 中国旅游百强县"，荣获"国家全域旅游示范区"称号。②

---

① 《苗族赶秋》，中国非物质文化遗产网，https://www.ihchina.cn/news_1_details/9514.html，访问日期：2023 年 2 月 18 日。

② 《凤凰概况》，凤凰县人民政府网，http://www.fhzf.gov.cn/jrfh/fhgl/，访问日期：2023 年 2 月 8 日。

苗族的服饰和蜡染工艺已有千年历史。苗族服饰多达130多种，这一数量可以同世界上任何一个民族的服饰相媲美。在古代，男女都着"色彩斑斓布"，上身穿花衣，下着百褶裙，头蓄长发，包赭色花帕，穿船形花鞋，佩带银饰。清代"改土归流"后，男子以裤代裙，穿对襟衣。女装无领，胸前袖口和裤筒滚边绣花（图10.3）。就其特点，可分两大类：胸襟式和云肩式。头帕因地而异，凤凰县苗族喜用花帕，花垣县一带的苗族喜用青帕，泸溪、古丈和吉首东部地区常包白底挑黑花头帕。

湘西苗族以远古骧兜部落的仡熊仡夷为主体，融合了三苗、盘瓠两个部落中的一部分先民，是楚文化与凤凰土著文化的结合、苗文化与汉文化的交融。因地理环境的特殊、宗教信仰的多元，湘西苗族形成了充满神秘色彩、独具一格的地域文化。

1. 苗族生活环境

湘西苗族多居山区，山高林密，几乎没有平坝，只有梯田，族人通常就地取材建造民居，木屋房、青石墙、黄土墙、黑瓦房和古香古色的吊脚楼是湘西民居的主要风格（图10.4）。

为了纪念苗族始祖战神蚩尤，湘西苗族会在厅堂的柱子上挂牛头，主要有三个作用：装饰、辟邪、祭祖。有的家庭还会在中堂的柱子上挂多层牛角，以显示自家的富裕程度（图10.5）。

图 10.3 湘西老家寨苗族女装（向民航摄）

a. 湘西花垣县沙科村（卜佳良）

b. 凤凰古城内的吊脚楼

c. 旱岗苗寨的瓦房

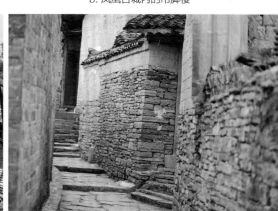

d. 老家寨的石头房

图 10.4　湘西苗族地区山田、民居景观

a. 牛头

b. 牛角

图 10.5　湘西苗族民居内的牛头及牛角

2. 苗族傩戏

苗族傩戏是一种古老的祭祀驱鬼逐邪仪式，后来演变成我国最古老的戏剧形态之一。作为苗族"万物有灵"宗教信仰的主要载体，苗族傩戏从早期的傩戏、傩祭以及椎牛、接龙、调香等大型祭祀活动中脱胎而来，经历了傩歌、傩舞等一系列嬗变，最终形成宗教文化与戏剧文化高度结合的一种戏曲形式。苗族傩戏是湘西巫楚文化的重要载体之一，集中反映了湘西地区人们的生产生活、价值观、伦理观，为我们探秘湘西提供了线索。

湘西傩戏保留了傩祭"驱鬼逐疫"的原始色彩，表演者佩戴由古代傩祭仪式中负责"食鬼"的十二兽变化而来的面具，面具通常龇牙咧嘴、面目狰狞，以达到驱鬼辟邪的作用。湘西傩戏与中原地区的傩戏有所区别，祭祀的主神从专管"驱鬼逐疫"的傩神变成了湘西人认为的人类始祖——傩公和傩母，傩戏也从一种专门从事"驱鬼逐疫"的祭祀活动成为一种广泛的、承载湘西人民精神寄托的大神祭祀活动（图 10.6）。

演傩戏、还傩愿的室内祭祀活动，属于大型祭祀活动，有一天一夜的、三天三夜的、四天四夜的，要杀猪宰羊，隆重的还要请客（图 10.7）。人们凡遇家人不安、五谷不丰、六畜不旺、财运不佳、口角纷争，就要举行这种酬傩祭典，请巫师过来帮忙许愿，有消灾愿、求子愿、太平愿、求福愿等。祭典中，供奉的神灵是苗族文化中人类繁衍的始祖红脸傩公傩母。祭典结束后，布展的所有东西都要撤走。苗族人家的中堂不仅仅是用来接待客人的客厅，同时也是家庭祭祀活动的场所。苗族傩愿，按类别与功用区分，有祈福消灾的"过关愿"，有祈求五

图 10.6 苗族傩戏中的人物（伟光汇通提供）

图 10.7 演傩戏、还傩愿室内祭祀活动布展

谷丰登的"五谷愿"，有延续香火的"求子愿"等。傩愿仪式中含有戏剧成分的剧目，称傩戏，意在娱神。祭典的背景称"坛"，常以篾片捆扎，用彩纸和剪纸作品装饰成宫殿式形状，上面贴有各类文疏（图10.8），挂着飞品，内置傩公傩母雕像。祭典的道具和乐器有鼓、锣、钹、牛角、大板斧、金钱杆、马鞭、雨伞、师刀、绺巾、卦、令牌等等。

3. 苗族火塘

火塘是苗族煮食、进餐、取暖、会客、议事、祭祀的地方，又是年轻人走妹行歌、谈情说爱、举行婚礼仪式的场所（图10.9）。因此苗族人对火塘是十分看重的。坐在火塘边，不能用脚踩烧火的柴蔸，因为苗族认为踩柴蔸是对老人不尊重；从火塘边起身走动，不能从老人面前走过；离座时要将板凳挪开并靠墙壁放好。苗族的火塘内会放一个铁座三脚架，用于烧锅。苗民们崇拜火塘上的三脚架。他们认为火塘中的三脚架是灶神，不准敲打，不准吐痰，不准用脚踏，否则是对祖先和神的不敬，属于禁忌。

4. 苗族床檐

床檐作为日常生活寝具中重要的组成部分，因帐子前幅上端下垂如檐而得名，悬挂于雕花架床上首处，与蚊帐并用，主要起装饰居室的作用，故又称为床檐。苗绣服饰是穿在身上的历史文化，而苗绣床檐则是挂在床上的百科全书。古时湘西地区苗族比贵州地区的富裕，因此，湘西的床檐数量更多，工艺水平更高。现存的湘西床檐多保存于凤凰山江、花垣、松桃腊尔山一带。

图 10.8 傩神文疏（林克明摄）　图 10.9 围着火塘的苗族儿女（宋卫华摄）

　　床檐对苗族女孩而言则有另一层意义。床檐是苗族姑娘最为重要的嫁妆之一，彰显着她所在家庭的身份、地位。苗族姑娘在出嫁前几年就开始潜心绣制床檐，做工越精细，越能显示姑娘地位的高度、心灵手巧的程度。很多床檐还是母女两代人智慧的结晶，在代代相传的古老图式中表达着对未来生活的美好向往。假如姑娘出嫁时没有床檐作为嫁妆，就会被人瞧不起，因此实在没有也会向其他家借一个，由此可以看出床檐在苗族人心目中的重要性。挂床檐也是苗族婚俗中的亮点之一，一般只有结婚时挂，而且必须由家中嫂子亲自挂上去。

　　苗族床檐的装饰题材很丰富，都具有吉祥寓意。湘西苗绣床檐最常用的图案有以龙凤为代表的"龙凤呈祥""凤戏牡丹"，以及以蝴蝶为代表的"多子多福"（图 10.10）等。这些以借喻、隐喻、谐音等方式延伸出的图案饱含苗族人对美好生活的向往和对未来的憧憬。不同于汉文化中龙威严的形象，苗族文化中的龙增加了愉快、活泼、激昂又洒脱的浪漫主义色彩，被自由地加上了牛头、鱼身，甚至各种植物。苗族床檐的长度也很特别，不是按照床顶的长度设计，而是根据屋子的长度确定，起的是装饰房间的作用。苗族床檐一般为 2～4 层，越宽的床檐越漂亮。4 层床檐最为精美，宽多为 1～1.5 米，第一层是挑花，第二三层为手工绣花，四层为贴花（图 10.11）。床檐上沿会有包边处理，方便用绳或竹竿来悬挂。床檐飘带通常用纽扣固定在床檐之上，与床檐相配。两侧的蚊帐钩不是简单系在绳索上，而是挂在绣花飘带上。飘带上窄下宽，如同一把驱邪宝剑，正面绣着富贵花鸟等吉祥纹样，下坠五色丝线流苏，一般会在结婚的当天与床檐一同悬挂。刻有很多吉祥寓意图案的银片或银饰在床檐上不仅是用于祈福，还具有坠压边的功能，增加床檐的悬垂度。

图 10.10 床檐上的"多子多福"刺绣图案　　图 10.11 苗族的 4 层床檐

5. 老家寨

老家寨位于湖南省湘西土家族苗族自治州凤凰县山江镇北部，距凤凰古城20公里，地处凤凰山江苗族文化生态保护实验区境内，是一个纯苗族聚居的古村落，也是凤凰县少数民族原始生态及苗族历史特色民居保护最好的古村寨之一，已被列入《中国传统村落名录》。在这个山腰上的寨子里，随处可见石板的寨围、石板的碉楼、石板的坪场、石板路、石板街、石桌、石凳……就连菜地的护坎，也是用平整的石板砌成的。石材在建筑中使用的比例超过"八成"，是一个地地道道的"石头垒起来的苗寨"。寨内民居多为青瓦盖顶，下面是青石砖，上部则用黄土砖，均是堆砌而成，看不到水泥的痕迹（图10.12）。传说此地为神鸟凤凰栖身之地，是凤凰女诞生之处，是苗族青年男女寻找真爱的胜地。

在去老家寨前，我们就听说老家寨手工苗绣很有名，这缘于欧盟与中国2010年1月正式启动的"蓝草"项目[①]。该项目由意大利民间组织Cospe协会设计监管，中国社会工作协会、湖南湘援游扶贫协会以及石门坎乡苗族文化中心共同参与。项目通过授课、培训、交流等多种合作方式，为四川、湖南、贵州三省的羌族、土家族、苗族等少数民族妇女提供就业机会，改善当地居民的生活条件。为此，当地政府组织寨内的绣娘们建起了"青苗绣工作室"，实际上带动的不仅有苗绣，还有传统纺纱织布、打花带等传统技艺（图10.13）。这次要去走访的吴梅青老师正是这个工作室的负责人。这个工作室是对外开放的，现在上海一个名为"乐

图10.12 老家寨的石头建筑
（郭悦提供）

---

① 殷欣：《欧盟与中国"蓝草"项目援助川湘贵少数民族妇女》，中国新闻网，https://www.chinanews.com/expo/2010/07-28/2430690.shtml，访问日期：2023年2月19日。

创益"的社会组织发起了"去远乡学手艺"项目，吴梅青老师的工作室也是这个项目的对接点。据了解，"去远乡学手艺"项目覆盖5省12村寨的多种手工艺，体验者直接向手工艺人支付食宿、手工艺课程的成本费用，只要在出发前与当地联系人确认出行时间且对方可接待的情况下，即可成行。吴老师的工作室就接待过不少体验者，人少的时候她会亲自教授，人多的时候则会召集寨中的绣娘们一起来做老师。

到吴老师家中时，她正在绣一幅客人定制的苗绣。这幅苗绣的主题是童子献寿，寓意着喜庆祥和、福寿安康，整幅绣品大面积使用乱针绣的绣法。吴老师一边刺绣一边与我们聊天。她自称受母亲的影响，从小就对苗绣有着浓厚的兴趣，如今是寨子里刺绣技艺数一数二的年轻绣娘。农闲时，吴老师会与年长的绣娘们一起坐下来交流苗绣技法，学习老绣娘们的苗绣配色，看到别人衣服上好看的图

a. 纺纱线　　　　　　　　　　　　　　b. 绣花

c. 织布　　　　　　　　　　　　　　　d. 打花带

图 10.13 老家寨"蓝草"项目带动下的手工艺行动

案也会默默记下来，自己回家练习。在交谈之际，吴老师知道我们之中有服装设计专业的学生，并且也学过刺绣，便将手中的针线递给一位同学，让她也上手试试。吴老师在一旁指导说，花要从顶尖往里绣，鸟要从头部开始，乱针绣虽然是随意落针起针的，但最后整体看起来要紧凑合一。到绣花瓣的时候，吴老师就教她用湘绣来绣，一针长一针短，像花开一样，层层叠叠往上绣去，很是漂亮（图10.14、图10.15）。

最后吴老师拿出了一直珍藏着的母亲给她做的绣花童帽（图10.16），帽顶和帽边都有绣花，帽顶上绣的是蝴蝶花和盘长带，帽边是小鸟与桃花。这是过去苗族妇女对自己孩子的爱和希望，一针一线都表达着母亲对孩子的爱，一个个精美的图案都传递着母亲对孩子未来的期盼。

图 10.14 老家寨的绣娘吴梅青老师

图 10.15 吴老师指导调研者学苗绣

a. 童帽顶部绣花

b. 童帽侧面绣花

图 10.16 吴老师珍藏的绣花童帽

5. 山江镇中的旱岗苗寨

山江镇位于县城西北部，距凤凰古城 20 公里，地势西北高东南低，地形以山地为主，西与贵州省松桃县接界，北临腊尔山台地，是山江片区的文化、经济、商贸中心，也是中国武陵山苗族文化生态保护实验区、核心区，全镇面积 104 平方公里，辖 15 个村、1 个社区。截至 2021 年，全镇共 22361 人，99% 为苗族。[①] 苗人谷地处凤凰山江苗族文化生态保护实验区境内，为凤凰古城典型的生苗区，曾是山江苗族首领龙云飞的府邸所在地，其府邸目前已改为中国苗族博物馆。该馆由湖南省政府督学、湖南省苗学会会长、资深苗学研究专家、苗族教育家龙文玉先生历时 20 年筹备，于 2002 年 10 月 1 日正式开馆，初期名为"中国·凤凰·山江苗族博物馆"，2006 年由文化部直接命名为"中国苗族博物馆"。馆名由苗族国际著名乡土文学大师沈从文先生题写（图 10.17）。

苗人谷中保存完整的汉代苗人寨部落遗址——旱岗村环抱于绵延的青山之中，被誉为"苗族活化石"。走进旱岗苗寨，古老的建筑、清一色的石板路、石板台阶，早年间防土匪的家庭瞭望台都完整地保留下来。旱岗苗寨与老家寨一样，也以石头建房，走进这里如同走进了"石头的世界"（图 10.18）。旱岗寨属于红苗，留存着最淳朴最原始的苗族风情，完整地保留着红苗特色的服饰文化、民居古建、民风民俗（图 10.19、图 10.20）。

图 10.17 中国苗族博物馆

图 10.18 旱岗苗寨

---

① 《山江镇 2022 年简介》，凤凰县人民政府网，http://www.fhzf.gov.cn/zwgk_49798/xxgkml/xzxxgkml/sjz/jgjs/xzgk/202207/t20220729_1917545.html，访问日期：2023 年 2 月 18 日。

图 10.19 早岗红苗姑娘

图 10.20 溪边洗衣服的阿婆

6. 早岗苗寨花带技艺

花带是湘西苗族服饰的重要组成部分，其制作有一定的工艺难度，目前湘西地区基本上只有年纪偏大的妇女才会织花带。过去寨内大街小巷都能看到织花带的苗家妇女，现在却很难找到。通过走访和向当地人打听，我们得知早岗苗寨有人会打花带，便马上动身前去。

刚进寨子，就看到不远处的凉亭里有一位阿婆正佝偻着身子织着花带（图10.21a）。阿婆叫龙贵凤，今年 89 岁，是村子里为数不多会织打花带的人（苗族人也叫打花带，但其工艺与图 10.13 在形似凳子的工具上编花带不同，从工艺上来讲，龙阿婆制作花带的方法应该称为织花带）。龙阿婆虽然年纪大了，但眼神仍然很好，穿针引线一气呵成，织花带时挑线也极少失误，织出来的花带都很精致。我们去时阿婆正在织的是七蓬花带，是花带里相对简单的一种，即将常见的自然物象通过简单的艺术构思织在花带上。听说我们是从很远的地方来到这里了解花带的，龙阿婆便热情地向我们讲解花带上的图案，还边织花带边教我如何挑起经线，这个图案哪几根线在上面，哪几根线在下面。龙阿婆甚至把手中的牛骨刀递给了我们其中一位，让她坐到织机前学织花带，好好过了一把瘾（图 10.21b）。

7. 凤凰城里的织带高手

在距离早岗苗寨 20 多公里的凤凰古城里有一位贯通古今的织带高手——龙玉门老师，她是花带技艺省级非物质文化遗产的传承人。在寻访龙玉门老师的过程中，我们还意外得到了一位阿婆的技艺传授。

图 10.21a 在凉亭里织花带的龙阿婆　　　　　　图 10.21b 调研者跟龙阿婆学习织花带

　　2022 年 7 月 12 日，我们走在凤凰古城街上，行至一个小巷口，传来一阵啪嗒啪嗒的声音，循声望去，只见小巷里一位头发花白的阿婆正快速地翻动着手头上类似纤管的绕线器，纤管的一头连接着颜色各异的细线，有规律地快速交替打线，使一根一根的线肉眼可见地组成一条精美的辫带。我们被这种神奇的技艺吸引，便过去与阿婆攀谈。阿婆热情地向我们介绍，这是种一般作装饰用的辫带，或缝在苗服上，或缠在银器上，用法不一而足。阿婆见我们很感兴趣，于是详细地告诉我们如何编织，并让我们坐下试试。辫带的编织难度其实并不是很大，只需掌握一定的技巧和规律，但稍不留神搭错一根线图案就会不成型，阿婆手把手教我几遍后，我便掌握了辫带的技法（图 10.22）。这是一次非常意外的收获，也让我深深感受到苗族阿婆对传播自己民族技艺的热心。经过多方打听，我们终于在一家银器店门口找到了正在摆摊的龙玉门老师（图 10.23），龙老师身着苗族传统服饰，面前摆着织机，正在打花带。在交谈中，龙老师谈到了花带非遗传承的

图 10.22 阿婆指导调研者织辫带

图 10.23 苗族织花带高手龙玉门
老师

问题，并表示非遗技艺根在传承，重在创新。早在十几年前就有日本学者来此考察学习，做了相关研究并对织机做出了改进。龙老师也十分注重将非遗技艺与现代文化相结合，只有这样才会有更多的年轻人愿意了解非遗，传承非遗。与早岗苗寨龙阿婆那一辈相比，龙老师更注重花带技艺与时代文化相结合，在花带图案的创新上下了很多功夫，将传统文化与现代生活中常见的文化元素用花带表现出来，如《十二生肖》《老鼠嫁女》等传统故事以及《湘西吊脚楼》《众志成城抗疫情》（图 10.24）等都是龙玉门老师通过花带所展现的融合现代文化元素的新形象。

a.《十二生肖》（局部）

b. 老鼠嫁女（局部）

c. 湘西吊脚楼（局部）

d.《众志成城抗疫情》

图 10.24 龙玉门老师的自创作品

小贴士

苗族打花带

苗族花带织造技艺亦称"打花带"，苗语称"腊繁"，属于传统手工技艺之一，主要流传于湖南省花垣县、凤凰县、保靖县及周边地区，也是省级非物质文化遗产代表性项目名录传统技艺类项目。花带最早是苗族应对恶劣生存环境，防止被毒蛇咬伤而发明的迷惑毒蛇的仿生物品，经长期衍化成生活用品，也是代表苗族男女爱情发展已经成熟的信物。湘西苗族花带以经线起彩起花，材料有棉线和丝线，以经纬线交织编成。经线分单经线和束经线两种，亦分素色和彩色。彩色花带必须预先设计好色调，彩色纬线的排列方式也取决于预先设计的图案，花带的宽窄则取决于蓬数的多少。在编织时，苗族女性会利用牵线架、绷架、牛角筘板、棱口板、分线棒、紧线棒，进行备料、牵线、上绷架、挑综耳、编织等5道主要工序，整个过程完全用双手控制，这种原生态的工艺创作有一定的研究价值。花带图案在表现形式及方法上多样灵活，主要花样有奔马、十二生肖、老鼠送嫁娘等。每一根花带都有主图案和陪衬图案，主图案编织在花带的正中，两个或三个图案为一组，两边以简单二方连续图案或几何图形作陪衬点缀，均匀对称，突出主要图案，呈现出良好的艺术效果（图10.25）。

图 10.25 既美观又牢固的花带领圈

调查小结

服饰文化与其他文化一样，作为历史产物，是在特定时间和空间内发展的。文化古今沿革，有其时代性；文化因环境之别，又有地域性。本次调研的区域在湘西苗族地区，此地理位置处巴蜀文化圈与长江中下游湖湘地区楚文化圈交汇处，为"巴楚文化圈"典型区域。处于巴文化板块与楚文化板块的湘西是苗族部落集团的主要活动区域，巴楚之间的频繁交往与战争导致的人口迁徙，推动了楚文化和巴文化的相互渗透、覆盖和吸收，形成一种混溶性边缘次生型地域文化。[1]

---

① 曾代伟：《"巴楚民族文化圈"的演变与现代化论纲》，《法律文化研究》，2006年第2辑，第383—391页。

值得我们思考的是，与我国边疆地区民族相比较，湘西民族位于中国腹地的地域特点，使其与周边华夏民族紧密相连，交流频繁，经过长期的民族融合，致使该地区民族文化受到汉文化的较大影响，其民族色彩相对淡薄。然而，作为巴楚民族文化圈的主人之一，湘西苗族仍作为单一的民族生存至今，并得到了国家的承认。其中蕴涵着丰厚的少数民族传统文化的积淀，包含在外部文化压力下顽强生存的文化适应能力和方式。这种能力和方式由人类本体特有的两种属性所决定，一种是物质层面的追求，即不断以新产品刺激和激发人们的需求，不断推陈出新各种时尚产品，满足人类的求新欲望。另一种，则是在解决安全、温饱等基本生存需要后的精神追求，即回忆和向往过去的好时光，希望用一种平静、恒温的方式实现自我存在的意义。少数民族总是以一种非常稳定的服装样式几十年，甚至几百年不变地包裹自己的身体，因为他们认为穿上这种服装就能得到族群先祖神灵的认可、垂爱和赐福。这是民族服饰文化与时尚流行文化最大的区别。只要这种敬畏之心存在，这种族群归属感存在，那么民族服装的价值和存在的意义就永远不会消失。

本次调研主要在湖南省湘西土家族苗族自治州凤凰县展开，从凤凰古城到山江镇、老家寨、早岗苗寨，我们领略了苗族地区青山绿水的生态环境和与自然共生的生活方式，探访了唯此独有的民族博物馆，拜访了各个能甘守寂寞、独自前行的传统手工艺非遗传承人，了解了诸多鲜为人知的冷门绝技，感慨万千。炎炎夏日，几十里的山路、十几斤的背包，一次又一次上山下山，仿佛时光倒退了数十年。老家寨苗绣技艺精湛的大姐让人印象深刻；凤凰县 72 岁的阿婆耐心传授她赖以生存的手艺；早岗苗寨的 89 岁阿婆虽白发苍颜，仍耳聪目明，不忘劳作；傍晚赶路时偶遇的扎染非遗传承人；头发微白的龙玉门老师已是省级非遗大师，却几十年如一日地坚守着她的花带小摊……这一幕幕如电影般闪过，留下的是她们执着的信念和勤劳的身影，我们真诚感谢她们，祝福她们！

在本次调研中，调研组共拍摄照片 611 张、视频 27 个（总时长 29 分 30 秒）、录音 128 分钟。

十一　贵州偫家人

　　2022 年 7 月 12 日，我们前往黔东南凯里地区，前三天主要参观了凯里地区博物馆，黔东南州民族博物馆与凯里民族博物馆是同一个地方，西江千户苗寨内的苗族博物馆则在景区里面。黔东南州民族博物馆建成于 1988 年，位于凯里市韶山南路南端民族文化广场内，外观宏伟雄壮，是黔东南州民族文化的收藏、保护、研究和展示中心，对黔东南州人文地理及少数民族风情均有介绍。西江苗族博物馆位于西江千户苗寨景区内，主要展现了雷山西江地区的苗族传统文化和风俗器物。两个博物馆从不同视角展现了该地区的民族特色，使我们快速了解了黔东南地区少数民族的大致情况。在诸多民族展示中，偫家人独特的服饰形象及其人文内容深深吸引了我们。经调查，凯里地区的偫家人主要聚集在黄平一带（图 11.1）。

　　黄平位于贵州东南部、黔东南苗族侗族自治州西北部，距州府凯里 50 公里、省府贵阳 179 公里。全县面积 1668 平方公里，截至 2022 年，总人口为 39.80

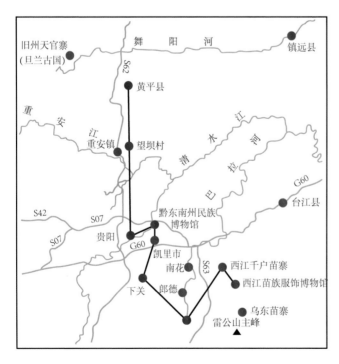

图 11.1 偫家人调研路径

万，其中苗族等少数民族占 69％。黄平是国家重点生态功能保护区，有"中国现代民间绘画之乡""中国泥哨艺术之乡"等称号。①

黄平历史悠久，文化厚重。先秦时期属梁州。春秋战国时期属牂牁国和且兰国。1914 年，黄平州改为黄平县。公元前 200 多年，兰氏家族在此地建立了自己的且兰国，把此处改为天官寨。《后汉书》有记载："初，楚顷襄王时，遣将庄蹻从沅水伐夜郎，军至（舞阳江）且兰，椓船于岸而步战。既灭夜郎，因留王滇池。"且兰天官寨位于贵州省黄平县旧州古镇西南面，距县城 6.5 公里。黄平素有"且兰古国都·云贵最秀地"之美誉，可追溯到 2300 多年前的"且兰文化"、有红军长征四次过黄平的"红色文化"、有旧州二战机场的"抗战文化"、有与王阳明、林则徐、郭沫若等众多历史名人有着不解之缘的"名人文化"，更有苗族和僬家人浓郁风情的"民族文化"。②

1. 僬家人概况

在山峦纵横的贵州省黔东南州黄平县境内，有这样一个鲜为人知的族群，他们自称是射日英雄羿的后人，家中神龛上只供奉弓和箭，女人头戴"太阳"，身穿"铠甲"。千百年来，他们过着男耕女织、刀耕火种、日出而作、日落而息的生活。由于历史遗留原因，他们不在 56 个民族中。为此，公安部下达了文件（公治〔2003〕118 号）：关于对贵州省革家人和穿青人居民身份证民族项目内容填写问题，采取一种过渡办法，可分别填写为"革家人""穿青人"。③因此，在他们的身份证民族一栏中写的是"革家人"。

僬家自称"哥蒙"，苗称"嘎斗"，汉文献一般称之为"仡兜""僬兜"，元明文献还称之为"仡头"。文献多载"仡兜"于黄平、清平、镇远、施秉、平越等地。僬家人现有 50000 余人，黄平县境内就有 21000 人，占全国僬家人口的 43.2%。④

费孝通先生考据僬家人先民是古僚族的后裔，现僬家人完整保留了古僚族

① 《黄平县情简介》，黄平县人民政府网，http://www.qdnhp.gov.cn/zjhp/hpjj/202205/t20220510_73963376. html，访问日期：2023 年 2 月 20 日。

② 《黄平县情简介》，黄平县人民政府网，http://www.qdnhp.gov.cn/zjhp/hpjj/202205/t20220510_73963376. html，访问日期：2023 年 2 月 20 日。

③ 《公安部关于对贵州省革家人和穿青人居民身份证民族项目内容填写问题的批复》，华律网，https:// www.66law.cn/tiaoli/111820.aspx，访问日期 2023 年 2 月 21 日。

④ 《黄平僬家服饰》，贵州省非物质文化遗产保护中心网，http://www.gzfwz.org.cn/xmccrml/gjml/sj/ depsy/201804/t20180416_21606450.html，访问日期：2023 年 2 月 20 日。

图 11.2《黔省诸苗全图》中关于僮家人的记载

"椎髻斑衣、穿中而贯其首"、有"鼓角一双"的特征。《开阳县志》载："晋代邛筰间有山僚……分仡佬、仡当、仡兜诸部。"据《贵州通志》，僮家人为镇远府的"附廓土著民族，黄平蛮僚。"《黔省诸苗全图》中这样记载他们的秉性及服饰："花仡佬又名仡兜苗，在施秉、龙泉及黄平等处，男子懒耕作而好猎，以逐鹿罗雀为事，妇女两袖口绣五彩，周身银饰，以养蚕累茧，如同贯珠，乃古仡佬之有五种也。仡佬花兜一种名，逐飞罗雀满山迎，妇女茧累如入珠，五彩相兼绣在身（图 11.2）。"黄平僮家服饰已被列入《贵州省第二批非物质文化遗产名录》。

2. 望坝村僮家人妇女服饰

望坝村在重兴乡金凤山东面的斜坡上，地势陡峭，全村分为上、中、下三个自然寨，村民均为僮家人。主要收入来源于种植、养殖、务工及传统的竹编蜡染。望坝僮家人风情古朴浓厚，民族文化浓郁，自然气息丰富。僮家人妇女的盛装服饰更是因其奇特鲜艳而成为僮家人服饰文化的主要代表。

僮家人妇女服饰给人的整体感觉就是白与蓝相映、红与黑互衬。服饰上的蜡染花纹图案基本上是以太阳为中心，辅以极为抽象夸张的各种花虫鸟兽变形图案；刺绣图案则是以红、橙、白色为主，并在刺绣的几何图纹中交叉配色，既艳丽多彩，又和谐统一。二者的巧妙运用与精心配合，造就了僮家妇女服饰的古朴典雅及别具一格，具有一种"返璞归真、回归自然"的艺术魅力。

僮家人服饰分常服和盛装两种。盛装主要在重大的节日和祭祀等活动时穿。平时着便装，不穿贯首（形若铠甲），分上衣、胸兜和裤。便装以蓝黑色为主，上衣为大襟右衽窄袖，衣长至膝，用布纽，袖口多饰蜡染。胸兜略呈凸形，青蓝相间，上半部为青底，上饰白线图案，图案为两座山中间夹一网状平台，台下为水波，台上纹样若光若花；下半部以白地白色挑花贴布绣色，围腰整体用白花边嵌边，于两侧腰部缝以蜡染或编织花系带，带端有须，穿戴时用系带于背后挽结（图 11.3 ）。现在的僳家人妇女有时也直接穿买来的成衣，但头上一定会戴僳家人特有的头饰（图 11.4 ）。

僳家人妇女的盛装，上身是一件由三层上衣（又称四瓦花衣）、贯首（又称胸背牌）、胸兜等组成（新娘装白底红花，多两件花衣，形成三层叠穿式，图 11.5 ）的蓝底白花蜡染衣，从衣领到后襟都布满了精美的刺绣，整个服装主要以红、白、蓝、黑四色相配。如果是新娘装，则会在围兜外再围上银饰腰封；下装由拼色百褶短裙、围裙、裹腿、裹腿铃铛、红缨流苏等组成。蜡花白地，帽、刺绣、裹腿鲜红，红白大面积对比，形成强烈的色彩视觉冲击力（图 11.6 ）。

图 11.3 僳家人胸兜

图 11.4 穿常服劳动仍戴僳家帽的妇女

a. 家人给新娘穿衣

b. 三层装领口

图 11.5 新娘装的三层衣（局部）

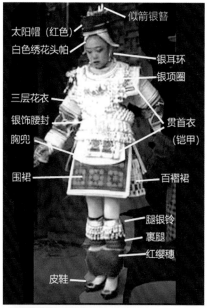

太阳帽（红色）
白色绣花头帕
似箭银簪
银耳环
银项圈
三层花衣
银饰腰封
胸兜
贯首衣（铠甲）
围裙
百褶裙
腿银铃
裹腿
红缨穗
皮鞋

图 11.6 僙家人新娘全套装扮
图 11.7 婚前妇女帽的抹额（"弓头"）
图 11.8 老年人平时着穿便装、戴月亮帽

僙家人没有文字，但他们把所有的文化都穿在了身上。僙家人的服饰从头到脚都记满了僙家人的历史。僙家人的头饰寓意最丰富，是他们自称后羿后人的体现。僙家姑娘的红穗帽又称太阳帽，银簪似箭，银圈似弓；妇女后脑勺上网的髻，里面包着的一个圆球代表太阳。婚前妇女帽的抹额形似弯弓，与发簪相配，组成弓箭，俗称"弓头"，它既有射日之寓，又与上古的生殖崇拜有关联（图 11.7）。生育后的僙家人妇女，不再戴圆顶红缨帽，而是将发髻于额顶缩成高昂的椎状。发髻以青布包裹，中间大，两端稍小，如弯月，用紫色发罩罩住。然后用蜡染头帕绕髻而围，露出发髻，插上发簪。年纪较大的妇女还会用一青色长带由额前向脑后围绕，形成一个额围（图 11.8）。已婚妇女头饰有射月之寓，又寓化生万物的古之神女，与未婚少女头上的弓箭既阴阳对应又互为区别。

僙家人的贯首衣似铠甲，据说来源与僙家人先祖受封有关，其先祖曾是皇帝的武将，因征战有功，皇帝便赐铠甲以表军功。先祖归乡后，铠甲不意被其孙女穿上，他见孙女穿着十分英武，便给孙女照样缝制成装，留传后代，以示不忘先祖的荣耀，于是便有了这武士般的妇女盛装。这个盛装僙家人男子也能穿，但限于"哈戎"节期间，因为"哈戎"祭祀的中心仪式是不允许女性参加的，而最能代表僙家

人形象的是盛装，所以在"哈戎"祭祀活动中，就由男人穿上女人的盛装。

3. 望坝村僙家人的大小祭祀活动

"哈戎"节（图 11.9）是僙家人最隆重的祭祀活动之一，要提前 3 年开始筹备。在僙家人准备举办"哈戎"节的第二年的"博冲"期间，除了正常的生产劳动之外，整个宗族家家户户都要缝制新衣、添置银饰，并备食、熬糖、烤酒，以便参加节庆活动和款待宾客。妇女们在闲暇之时，则集中精力制作盛装服饰，以期来年在"哈戎"节盛典上展现自己精湛的制衣技艺和芳容。"哈戎"节开始时，老年男人身穿红绸长袍，头戴蜡染、刺绣帽，佩上银制双弓箭，插上精制的鸡毛凤尾箭；小伙子则男扮女装（图 11.10），头戴太阳帽，身穿金铠银甲服饰，由芦笙师领队，沿顺时针方向，循环往复跳动。

图 11.9　僙家"哈戎"节

图 11.10　僙家"哈戎"节上穿女子盛装的男子

小贴士

僙家人"哈戎节"

　　僙家人的"哈戎节"（又名哥蒙的"哈冲"）就是大祭祖的节日。"哈戎节"无定期，少则十年八年，多则四五十年，最长要60年才会举行一次，日子是阴系（"阴系"是指负责祭祀事务的负责人，要封存"祖鼓"并禁止各种娱乐活动）族长用"蛋卜"的方式算出来的。僙家人信仰祖宗，崇拜祖鼓，所谓"哈戎"，即为祭祀祖先，而"哈戎"节，就是举行祭祀祖先的活动。僙家人祭祖分为大祭和小祭，大祭即"哈戎"，不定期举行，一般二三十年甚至五六十年举行一次，小祭定期举行，每年夏至、冬至各祭一次。僙家人的"哈戎节"隆重而热烈，"哈戎节"活动内容丰富，仪式古朴庄重，前期准备在1年以上，不仅要杀牛、宰猪祭祀祖先，还要举行芦笙祭、衣物祭、鸡毛凤尾祭、五鼠祭、五盆五锅五罐五刀祭、稀饭祭等。祭祀活动通宵达旦，一般是白天祭祀，晚上则击鼓吹芦笙、唱迁徙词和族谱词。

　　古时"哈戎节"，节期为十三天十三夜，由于每户的宾客不分亲疏，来往如梭，随吃随宿，难以应酬，现在才改成三天三夜。在连续三天三夜的"哈戎"活动中，部落里的家家户户都要敞开大门，专请女婿来蹲灶、煮饭、炖肉招待宾客。来客无论亲疏或认识与否，均设"流水宴"热情招待。僙家人热情好客，劝饭重于劝酒，男女老少皆能歌善舞，芦笙舞、板凳舞、棍舞、弓箭舞优美欢快，古歌悠扬，情歌激昂跌宕，歌谣婉约动听，让人流连忘返。2022年，"哈戎节"被列入《贵州省首批省级非物质文化遗产代表作名录（民间信仰类）》。①

　　僙家人佩戴银饰有严格的年龄之分。女童一般只戴饰有菩萨片的童帽。六七岁至生育以前，无论家境贫富，均须佩发簪、抹额和戒指项（一种仿戒指造型的颈饰）。子女长至七八岁，母亲方卸戒指项，为祖母的方去抹额，为曾祖母的始卸发簪。

　　在寨内居住的这段时间里，我们跟随当地村民的脚步，和他们同吃同住，一起下田除虫、上山摘包谷，感受了不同于城市的乡村生活，虽然日出而作、日落而息的生活听起来重复乏味，但真正体会过之后，我们发现慢生活的作息也并不单调，共同的农作生活也使村寨家家户户之间的关系更为密切。

　　在此次调查中，我们亲身参与了农历六月二十日的僙家人小祭。那天一大

①　《贵州省首批省级非物质文化遗产代表作名录（91个）》，贵州省人民政府网，http://www.guizhou.gov.cn/dcgz/rwgz/fybhhcc/202203/t20220314_72958022.html?isMobile=true，访问日期：2023年2月20日。

早，锣声远远传来，我们借住的那户人家告诉我们今天有场僮家人的祭祀活动。知道这个消息的我们十分兴奋，便和主人一起打扫屋子，特别是堂屋，里面的东西几乎都要搬到其他房间或者是靠墙摆好，以便把中间的位置全部空出来。然后，主人就在两间正房门口插香烧纸，等待祭祀队伍的到来（图11.11）。得知祭祀队伍会挨家挨户走访寨内的每一户人家后，我们就跑到旁边的山路上，翘首企盼着祭祀队伍的到来。随着锣声越来越近，这支由成年男子组成的祭祀队伍终于出现了。打头的人手上拿着符纸；第二、第三个人手里拿着长矛、草把等狩猎工具；随后是两个人抬着一只活鸭，鸭子是用茅草捆起来的，上面插满了香；接下来的是两个人抬着一个水桶；最末尾的人扛着一根竹子，竹梢上挂着鸭子样式的剪纸，他手里提着锣，一路走一路敲过来（图11.12）。来到家门前，打头的人会在门楣中间贴符纸（图11.13），为祛邪镇宅之意，后面的人把鸭子和水桶摆在堂屋门口，然后拿着矛的人走进堂屋唱祷词。他们从桶里舀一勺水泼在堂屋门口，据说这是祝福的意思，以前家里若有小孩子还会泼在小孩子身上。最后，屋主人会拿一把裹着黄纸的香插在鸭子身上。祭祀活动本身至此就结束了（图11.14）。但本地村民的活动远不止这些，当天晚上，寨内会杀一头价值上万的大牛，大锅炖肉，再一起分食，每家每户都有份。

图11.11	图11.12
图11.13	图11.14

图11.11 在两间正房门口插香烧纸
图11.12 拿着长竿敲锣的祭祀队伍成员
图11.13 在门楣中间贴符纸
图11.14 挨家挨户地走访的祭祀队伍

4. 望坝村的街市

望坝村的居民们会相约一起参加"赶场"（集会）活动，有时也会拜托好友帮自己代买材料或代卖自己的作品。

在调查过程中，我们跟随当地居民参加了两次"赶场"，分别感受了当地少数民族商贸的两种不同形式（即固定的贸易商业街和每周五上午的流动集会）。通过实地感受，我们也对当地少数民族手工生产的贸易线有了大致的了解，基本形式为：从固定店铺购买原材料及辅料→手工生产→流动民族集市售卖。

1）固定的贸易商业街（图 11.15）

主要商品类型： 少数民族盛装（多为工业生产成衣，样式繁多）；少数民族发饰、帽饰（当地少数民族的中老年妇女多会在街上佩戴本民族的发饰及帽饰，以彰显民族身份）；由工业生产的各类辅料产品，如蜡染的石蜡，服饰的织带、纽扣、布料。

商品受众： 购买零辅料的手工艺者、有穿着少数民族服饰表演需求的经营者。

当地售卖的民族产品多为工业生产的产物，款式多变、颜色艳丽，但大多产品的民族来源与款式内涵连店主也不清楚。

图 11.15 商业街民族产品

图 11.16a 本地人正在售卖服饰刺绣品

图 11.16b 街头出售的偅家蜡染产品

2）每周五上午的流动集会（图 11.16）

主要商品类型：由少数民族居民自己制作、收集的手工工艺品，常出现一个寨子、一个村的人把东西聚在一起出摊的现象。

商品受众：慕名而来的民族爱好者、倒手去景区专卖的商贩、需要手工艺部件的制作者。

集会产品多为手工制作的民间工艺品，服饰、绣片、涂布、蜡染布等作品的质量、新旧程度参差不齐。如有特别需求也可在现场约商单，到期在集会现场取货交易。

5. 国家级非物质文化遗产——黄平蜡染

1）黄平蜡染介绍

黄平蜡染是黄平偅家人妇女在长期的生产劳动生活中创造、自制和必需的一种民族民间艺术产品，具有独特的艺术特色和重要的史学、美学、民族学、人类学和科学研究价值（图 11.17）。

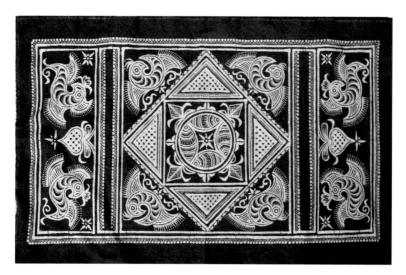

图 11.17 黄平蜡染

　　黄平蜡染历史悠久，是贵州高原最古老的民族传统蜡染艺术之一。黄平蜡染作品只有蓝白两色或黑白两色，蓝、黑为底色，花纹图案为白色。黄平蜡染作品图案线条必须洁白无瑕，无鬓纹和断痕，黑白分明、干净利索，这是其区别于其他民族蜡染作品的重要特征。僮家人蜡染构图独特，图案具有极强的寓意性和哲理性。黄平蜡染作品图案主要以太阳为构图中心点，因为他们认为太阳就是宇宙的中心，所有的物体都在围绕太阳转。为此，僮家人妇女们对蜡染作品图案的创作大都以太阳为中心，充分表现人与自然和谐的意境和艺术美感，完整地体现了僮家人爱美、爱生活、爱劳动的思想感情。

　　2）国家级（拟）非遗传承人——罗文珍

　　罗文珍，1965年生，僮家人，贵州省黔东南州人，中国当代蜡染工艺大师。2021年被选为贵州省省级非物质文化遗产项目黄平蜡染代表性传承人，2022年8月拟入选第六批《国家级非物质文化遗产代表性传承人名单》[①]，现为黔东南民族职业技术学院外聘产业教授。

　　罗文珍老师自幼受家庭熏陶，16岁开始独自进行蜡染作品制作，潜心研究、从事蜡染制作四十余年，亲身实践并致力于僮家人传统工艺文化的传承创

---

① 《省文化和旅游厅关于推荐申报第六批国家级非物质文化遗产代表性传承人名单的公示》，贵州省人民政府网，http://www.guizhou.gov.cn/zwgk/zdlygk/jjgzlfz/whly/fwzwhyc/202208/t20220815_76090153.html，访问日期：2023年2月21日。

泥哨画图案多来自黄平苗族服饰上的刺绣、挑花、蜡染

图 11.18 黄平蜡染传承人罗文珍老师
图 11.19 罗文珍老师与其指导的绣娘
图 11.20 黄平泥哨

新，同时还通过"传帮带"等方式，带出了一批僙家刺绣手工艺人（图 11.18、图 11.19）。

6. 黄平泥哨

黄平泥哨是贵州著名的民间工艺品之一，至今已有近百年的历史，它扎根于传统的民族文化的土壤之中，汲取了民族文化的养料，无论是造型、设色，还是绘制，都具有自己独特的民族风格。除了动物题材外，专供陈设用的泥塑还有苗族古歌中《蝴蝶妈妈姜央的十二个蛋》及苗族传说中的神人《伍一》等造型，富含少数民族文化内涵。1993 年，贵州省文化厅把黄平县命名为"泥哨艺术之乡"；2008 年，黄平苗族泥哨被国务院列入第二批《国家级非物质文化遗产名录》。[1]苗族泥哨是黄平县旧州镇寨勇村苗族老艺人吴国清在苗族传统陶哨的基础上，根据苗族传统艺术创新发展起来的一种泥捏儿童玩具。苗族泥哨的制作，是用当地特有的黏土经手工捏成大体形态后，抹上生菜油定型，然后用竹签、竹筒等简易工具压出眼、口、鼻等细部，再用

[1] 黄平县文体广电旅游局：《黄平县开展苗族泥哨培训传承非遗技能》，黄平县人民政府网，http://www.qdnhp.gov.cn/zfbm/wtgdlyj/gzdt/202212/t20221207_77368906.html，访问日期：2023 年 2 月 21 日。

硬模按上所需的小装饰纹样，阴干后用木屑或谷壳煅烧为底陶后，再施以彩绘、罩以清漆而成，其造型多取材于动物。泥哨装饰以传统的民族刺绣、挑花、蜡染图案为主，同当地苗族群众的审美情趣紧密相关，是独具苗族特色的工艺品。

◦ 调查小结 ◦

　　少数民族在历史发展的进程中，大部分没有创造自己的文字或只有极少数文字，因而无法完整记事；且大部分少数民族都因各种原因被迫进行数百年数千年的大迁徙，很多物件（房屋建筑等）无法携带或半路丢失，只有身上所穿之物一路随身而行。因此，服装既是他们保护自己、遮风御寒的工具，也是他们表达、宣泄自己情感的载体。他们把面料作纸，以针线代笔，去记录自己生活中的所见所闻，用色彩去表现自己的喜怒哀乐，所以服饰又称为少数民族的"无字天书"。当他们找到适合自己生存的地方，安居下来，就会把这些记录本民族历史文化的图案、纹样、色彩转移应用在其他生活用品上，如同黄平泥哨上使用的刺绣、蜡染、纹样，这些无生命的器物被注入了民族文化的灵魂，打上了自己民族文化的烙印，从而变得有灵性，同时让民族文化得以存续和实现价值。在僬家人的"哈戎节"等活动上，我们看见僬家人穿上本民族盛装，盛装上承载着诸多民族历史文化信息。虽然僬家人现在还是一个在56个民族之外的待认定民族，但他们同样是中华民族多元一体大家庭中无可替代的一员。他们自认是英雄后羿的传人，坚持自己独立于世的服饰，让服饰文化和其他民族文化艺术一起为族人代言。

　　此次调查获得照片共计594张、视频150.5分钟，最终挑选出最能代表僬家人生活状态、民俗风情、服饰形制、民族工艺、纹样图案的照片以供分享。

十二　云南文山苗族

文山壮族苗族自治州（以下简称"文山州"）地处云南省东南部，东与广西壮族自治区百色市接壤，西与红河哈尼族彝族自治州毗邻，北与曲靖市相连，南与越南接界。文山州山区和半山区占总面积的97.0%；最高海拔2991.2米，最低海拔107米；辖文山、砚山、西畴、麻栗坡、马关、丘北、广南、富宁8个县（市），居住着汉族、壮族、苗族、彝族、瑶族、回族、傣族、布依族、蒙古族、白族、仡佬族等11个民族。根据第七次全国人口普查数据，全州总人口350.32万，其中汉族占总人口的42.47%，少数民族占总人口的57.51%。少数民族中人数前三位的是：壮族98.76万人、苗族50.66万人、彝族36.22万人。全州八县均有苗族分布，主要在广南、丘北、马关、文山、砚山等县市，大多居住在山区、半山区，少数与汉族、壮族、彝族、瑶族等民族杂居，呈大分散、小聚居的特点。境内苗族主要讲川黔滇次方言第一土语，苗族的主要节日中以花山节、闹兜

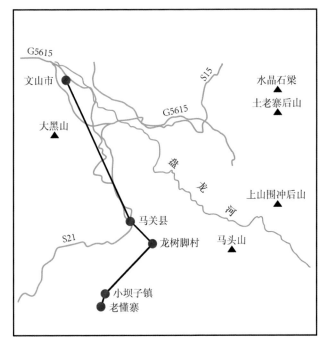

图 12.1 云南文山苗族调研路线

图 12.2 马关县 11 个少数民族人员合影（来源：马关县政府网）

阳最具民族特色。[1]

本次调查主要在文山州及其下属的马关县开展（图 12.1）。马关县总面积 2676 平方公里，总人口 38.88 万，境内居住着汉族、壮族、苗族、彝族等 11 个民族（图 12.2），少数民族人口占总人口的 51%。[2] 马关县有属于云岭山脉六诏山系，来自红河州蒙自市的菊花山，经文山州西南进入县境，境内的盘龙河是文山母亲河，发源于红河州蒙自市三道沟，经砚山县从西北向中南贯穿文山腹地，中游河段蜿蜒环绕文山城后从东南方向流去，流经西（西畴）界河、马（马关）界河、麻（麻栗坡）界河，出境后交泸江汇红河，归宿于海南北部湾海域。马关县与越南老街省、河江省的箐门、新马街、黄树皮、猛康四县接壤，有国家级一类陆路口岸 1 个（都龙口岸），是连接南亚、东南亚市场的桥梁和纽带，也是文山州参与建设国家"一带一路"倡议的支点和云南面向南亚、东南亚辐射中心枢纽的重要节点。

马关县历史悠久，早在旧石器时代就有人类在此生息。自西汉开始，历代王朝就将此地纳入管辖。东汉应劭著《风俗通义》载："东蒙主以蒙山为氏。"何光岳《炎黄源流史》载："蒙人为蛮人部落联盟的共主……后迁入湘、黔、川、桂、滇，成为水族、苗族的先民。"说明远古"蒙人（苗族）"在山东蒙山一带做东蒙共主，

---

[1] 《文山概况》，文山壮族苗族自治州政府网，http://www.ynws.gov.cn/wsgk.htm，访问日期：2023 年 2 月 22 日。

[2] 《马关概况》，马关县政府网，http://www.ynmg.gov.cn/info/1652/16869.htm，访问日期：2023 年 2 月 22 日。

图 12.3 苗族山花节（来源：马关县政府网）

自称"蒙"。据《邱北县志》记载，文山苗族最初于明朝初期由贵州迁到文山。苗族自称为蒙，文山州内有 7 种自称为蒙的苗族，即蒙逗、蒙诗、蒙颛、蒙邶、蒙巴、蒙叟、蒙沙。① 另外，富宁县花甲乡有部分他称为"红苗"的苗族，据考证属于湘西方言，该方言已失传。

苗族在文山州内有 7 个支系，马关占 5 个。他们语言基本相通，服饰略有差异。文山州苗族源于上古时代东夷部落之蒙人，这支蒙人的远古祖先有太白皋、少白皋和蚩尤，至今文山苗族仍称蚩尤为"蒙子酉"或"孜尤"，并在隆重的一年一度的花山节对其进行祭祀（图 12.3）。② 马关县苗族文化与东夷文化有着历史渊源：马关县苗族至今仍沿袭东夷族的墓葬方式，其民俗中仍保留用猪头特别是猪下颌骨随葬的习俗。

1. 小坝子镇

小坝子镇位于马关县南部边缘，镇政府驻地距马关县县城 36 公里。与越南新马街、猛康两县隔河相望，北靠仁和镇和红河州河口县，有通往越南的 1 个通道（黑河渡口）和 3 个便道（大梁子、鸣哩和岩龙）。截至 2021 年末，全镇人口 16359，境内居住着汉族、壮族、苗族、彝族、瑶族等 9 种民族，少数民族人口

---

① 文山壮族苗族自治州苗学发展研究会：《文山苗学研究（二）》，云南民族出版社，2008，第 69 页。
② 王万荣：《文山苗族族源探讨》，《文山师范高等专科学校学报》2005 年第 2 期，第 104—109 页。

占总人口的 87%。其中苗族 1467 户 7022 人，占全镇总人口的 48.9%。[①]

小坝子镇坐落在山清水秀的平坝上（大部分苗族村寨都建在半山腰，能在平坝上建寨的苗族，生活条件都比较富裕）（图 12.4），从马关县县城到小坝子镇早晚各有一班车，大概有一个多小时的车程。我们有幸遇到了云南财经大学的两位老师，他们也来此地做调研，于是便一同前往。路上两位老师与我们交流他们对民族服饰的感受，分享去过的一些少数民族村寨情况，我们收获很多。来到小坝子镇，我们刚好遇到村民们赶街。小坝子镇每周一、三、五会进行赶街活动，村民们都会前来采购服装。小坝子镇服装集市上有大量苗族服饰出售，服装大多采用机器缝制，印花蜡染代替了手工蜡染，机绣代替了手工刺绣。机器生产的服装耗时少、成本低、价格便宜，颇受苗民们欢迎。集市也有一些局部采用手工刺绣的服装，但价格偏高。集市上，常服、婚礼服、盛装、配饰（包、头饰），以及各种服饰边角料等琳琅满目、应有尽有（图 12.5）。

与集市上民族服装店里众多民族服饰相呼应，小坝子镇处处可见穿民族服装在街上行走、贩卖、聊天的苗民，有穿全套传统民族服装、扎绑腿、戴头包的，也有上身穿现代时装下身穿民族裙装，苗汉服装"混搭"的，总体上民族风情比较浓厚（图 12.6）。

图 12.4　马关县小坝子镇

① 《小坝子镇》，马关县人民政府网，http://www.ynmg.gov.cn/zjmg/xzgk/xbzz.htm，访问日期：2023 年 2 月 22 日。

a. 苗族传统蒙巴盛装（中裙）　　b. 苗族蒙邺盛装（长裙）　　c. 苗族新娘装

d. 以蒙邺、蒙巴为基本型的苗族时装　　e. 蒙沙的百褶长裙　　f. 儿童背扇

图 12.5　小坝子镇集市上各种苗族服饰

a. 蒙颛式　　　　b. 蒙巴式　　　　　　　c. 蒙邺式

d. 蒙逗式头包　　e. 蒙诗式包头布　　　f. 蒙诗式服装　　g. 苗汉"混搭"穿着

图 12.6　镇街上的"五蒙"苗族服饰及苗汉"混搭"穿着生活照

图 12.7　文山地区"七蒙"支系苗族传统服装（来源:《文山苗族》插图）

　　为了搞清楚我们在小坝子镇上看见的民族服饰与文山苗族"七蒙"支系的对应关系，我们去拜访了文山壮族苗族自治州苗学发展研究会，根据学会提供的一张历史照片，我们比较清楚地了解了文山地区七大苗族对应的服装样式。这张照片出自《文山苗族》书中的一幅插页，插图下标明了图中服装对应的支系，从左到右依次为蒙诗、蒙逗、蒙邶、蒙巴、蒙颛、蒙叟、蒙沙。[①]（图 12.7）

　　小坝子镇上的苗民基本能自觉穿戴民族服装，各支系的服装样式也能呈现出来。同时，现代 T 恤、套头衫等与民族头包、民族裙的混搭穿着渐成常态，大部分妇女出门都用织带绑腿，脚上穿拖鞋，比较随意。老年人普遍打头包，年轻人基本不戴。

2. 老懂寨的"兜阳节"

　　逛完集市，我们来到了老懂寨。"炊烟攀上棕色叶子的屋顶 / 老懂井流淌的溪水 / 覆上青苔的石板路 / 边境上的幸福小康村 / 尊重人才、崇善、团结 / 听 / 那悠悠的芦笙曲 / 缓缓勾勒出兜阳的高贵品格 / 看 / 那动人的芦笙舞 / 把时间定格在了山水绝美处 / 一匹旧麻布 / 一件旧苗衣 / 回味着曾经的乡愁……"此诗作者虽无从得知，但它确实写出了老懂寨寨民的生活方式和幸福感。老懂寨位于小坝子镇

---

① 文山壮族苗族自治州苗学发展研究会:《文山苗族》，云南民族出版社，2008，第 10 页。

东南部，隶属于小坝子村委会。全村共有农户 82 户 343 人，以苗族人口为主。①
老懂寨民族民间传统文化保存相对完好，特别是苗族传统习俗"闹兜阳"，每年
农历五月初五，老懂寨都要举行"兜阳节"，意在祭祀远古时期救苦济世的苗族
人"兜阳"（图 12.8）。

老懂寨村子中央是用来举办祭祀仪式的广场，村民说"闹兜阳"活动期间，
人们会在广场吹奏芦笙，表演歌舞，组织传统游戏、体育竞技，举办展示少数民
族刺绣技艺的活动等，十分热闹。这一节日在增进民族团结与促进社会和谐方面
起着非常重要的作用，2017 年 6 月被列入《云南省第四批民俗类非物质文化遗产
保护名录》，保护责任单位为马关县文化馆。②

广场的一侧为兜阳馆，各种各样的兜阳节活动的物品和照片陈列其中（图
12.9）。另一侧为纺麻馆，里面有纺麻的工具以及一些成品麻布。我们去的当天
纺麻馆没有对外开放，很遗憾没能进去参观。

在兜阳馆，我们了解了兜阳节的来历和活动情况。相传很久以前，兜阳在
其母怀胎十月后于初暑出生，其父为他取名"兜阳"，"兜"是"指"的意思，"阳"

图 12.8 老懂寨兜阳文化旅游村指示牌　　图 12.9 老懂寨兜阳馆

---

① 《马关老懂寨村：边境线上幸福的小康画面》，马关县人民政府门户网，http://www.ynmg.gov.cn/info/
2169/85406.htm，访问日期：2023 年 2 月 23 日。

② 《第四批省级非物质文化遗产代表性项目名录的通知》，云南省人民政府网，https://www.yn.gov.cn/zwgk/
zfgb/2017/2017d14q/szfwj/201706/t20170608_143103.html，访问日期：2023 年 2 月 22 日。

是"好、化"之意，"兜阳"在苗语中是指引人们走向光明之意。兜阳行医行善，德行与思想深得民心。时光飞逝，兜阳慢慢老去，人们送了他一只大花狗做伴，大花狗一直尽职尽责直到老死，兜阳也在云游中不知去向。由于没有找到兜阳的遗体，人们无法为他举行葬礼，只能进行招魂仪式。人们都尊称他为子尤（苗族称有本领的人为"子尤"）兜阳，特用牛角粑（粽子）为其招魂，并做八方招魂圈进行祭祀。祭祀兜阳的活动逐渐延续，形成了固定习俗"闹兜阳"。

　　"闹兜阳"主要分为传兜阳、招兜阳、迎兜阳客、问兜阳、跳兜阳、送兜阳、选兜阳、闹兜阳、送兜阳客九部分活动。1）传兜阳分教、做、寻三个环节，具体为师傅讲授并示范、徒弟学艺，这部分生动描述了兜阳的学习受教历程（图12.10a）。2）招兜阳是祭祀人员经过砍竹、接魂、立竹、献圆、守棚等环节完成的，并在守棚时，需进行唱跳活动和火坛文化讲解，苗族传统祭祀民俗文化在这庄重而神圣的仪式中传承延续。招兜阳期间，照苗家习俗，要吹苗家祭祀时用的芦笙调，并围着招魂圈走3圈，喊兜阳归家归屋（图12.10b）。招魂前要用竹片编成九方招魂棚，招兜阳魂的时间定在五月初五戌时，招魂门确定之后，苗族群众需往招魂棚送牛角粑（图12.10c），表达对兜阳的思念及祝福。送牛角粑仪式持续至初六凌晨3点，初六寅时开招魂门，在初六5点前关兜阳魂。3）迎兜阳客即祭师与村民在寨门敬酒迎客，让来客在苗家迎客之道中体验宾至如归的感觉。4）问兜阳，此时"兜阳"魂已经回归，随后需要把兜阳、花狗灵魂接到祭台处，大家围祭台转一圈后，祭师念祭祀词后在祭台上打竹卦来确定安放兜阳的方向（图12.10d）。5）跳兜阳，这部分会进行祭献兜阳吉祥物等活动。牛角粑祭献完后，由芦笙师带九个兜阳兵围着火坛跳兜阳兵舞；跳兜阳持续到初六凌晨3点。之后需在兜阳转台用稻草扎9只狗，因以前男人会带狗上山打猎，这也表示"闹兜阳"祭祀中的9个男人（图12.10e）；6）送兜阳，即民众射弩护送，为兜阳魂开路送行（图12.10f）；7）选兜阳是根据标准推选当年的好人和能人，并让选出的好人和能人游转全村，对道德品行模范的评选旨在对兜阳的优秀品行加以继承和弘扬；8）闹兜阳，即村民与来客一起吃长桌宴；9）送兜阳客，即在闹兜阳过后，祭师与村民在村口敬三道拦路酒送客，这一部分中苗家传统待客礼仪得到彰显。

　　闹兜阳这一天，周边的少数民族都会前来参与，除了祭祀仪式之外还会开展舞蹈、对歌、吹芦笙、赛陀螺等活动，还会在纺麻馆中进行纺麻展示和传授传统刺绣技艺。

a. 传兜阳（来源：
马山县政府网）

b. 招兜阳

c. 投牛角粑

d. 祭师在祭台上打竹卦

e. 跳兜阳中的兜阳转台棚

f. 送兜阳

图 12.10 苗族兜阳节（来源：兜阳馆）

3. 文山州刺绣协会

离开老懂寨后，我们回到文山州，并于翌日拜访了文山州刺绣协会。文山州刺绣协会会长杜坚热情接待了我们，并向我们介绍了文山苗族刺绣的历史发展。

文山苗族刺绣源于苗族的刺绣艺术，是苗族历史文化中特有的表现形式之一，是苗族妇女勤劳智慧的结晶。传说有位叫兰娟的女首领为了记住迁徙跋涉的路途经历，想出了用彩线记事的办法，过黄河绣条黄线，过长江绣条蓝线，翻山越岭也绣个符号标记，待最后抵达可以落脚的聚居地时，从衣领到裤脚已全部绣满。从此，苗家姑娘出嫁时都要穿上一身亲手绣制的盛装，为的是缅怀离去的故土，纪念英勇聪慧的前辈，同时也是为了承继前辈流传下的这份美丽（图 12.11）。

文山州刺绣协会成立于 2019 年，坐落在文山州七花南路北一巷 2 号，是由杜会长一手创办的，她现在是刺绣协会法人代表，还是云南博雅民族用品有限责任公司的负责人（图 12.12）。

图 12.11 文山州刺绣（丰靖霖摄）

图 12.12 文山州刺绣协会杜坚会长（杜坚提供）

　　杜会长从云南工艺美术学校大专部服装设计专业毕业后，便在文山州民族织染厂工作。1999 年 8 月，织染厂倒闭，她和工厂的小姐妹们一起下岗。仅靠国家补贴的一点点失业金，怎么生活？于是杜会长就想到了自己创业，她和下岗的姐妹们把各自的家当作了生产车间，为那些老客户设计制作服装。众人在家把服装做好后，统一交由杜会长送到客户手中，如此，杜会长开始了艰难的创业之路。2006 年 5 月，她毅然决定用多年积累的 10 万元资金创办"文山市阳光舞服装工作室"，工作室专门从事民族服装、舞台服装的设计和制作，同时为一起下岗的 10 多位同志提供了重新就业的机会。经过 3 年多的不断努力，工作室的设备由 1 台老式平缝机增加到 30 台最先进的缝纫机，面积也扩大了 10 倍，产品由原来的 30 多种增加到 100 多种，年产值达到 250 多万元，员工收入也大大提高。现在，杜会长已在文山、砚山、广南等县的 20 多个村寨发展了 127 名壮族、苗族、彝族等少数民族妇女为工作室制作民族饰品。她们巧夺天工的刺绣工艺也给了杜会长设计上的灵感，工作室把她们的手工半成品买回来进行再创作，变成城市人喜欢的产品。2007 年 6 月，"阳光舞服装工作室"代表文山州参加了昆明进出口交易会中国社区文化精品展，受到广大客商的一致好评，产品经销昆明、香港、广州、上海、北京等地。2008 年 7 月，杜会长带着她设计制作的作品参加了第七届香港国际·金紫荆花奖的红色经典音乐舞蹈服饰风采艺术大赛，荣获"大金奖"。2014 年，她在工作室基础上成立了云南博雅民族用品有限责任公司，几个人的工作室到如今的品牌公司，经历了十多年的市场磨砺，杜会长已建立了一支有活力、有竞争力的专业团队。她带领着公司持续打造民族文化国际品牌，挖掘民族传统服饰文化，开发特色产业，致力于打造云南少数民族传统与生活化的时尚民族文化品牌。博雅公司秉持着"一针一线，用心传承"的理念，结合时尚元素，使产品精致又不失大气，同时建立起整合的操作模式"设计＋生产＋销售＋互联网＋"为一体的经营体系。自从担任文山刺绣协会会长后，杜会长便通过各种方式大力推动文山地区的服饰刺绣产业发展，通过各种渠道给协会单位和绣娘进行技术培训，让广大绣娘更深刻地认识到对市场进行把控的重要性，让她们的产品能够更远地走向世界。2022年3月，协会与丘北县妇联共同开展了民族手工刺绣（云绣项目）第二期培训及线上营销活动（图12.13）。培训的目的是进一步提高妇女的手工刺绣技能水平和农村妇女增收致富的能力，带动更多的妇女群众创业、就业。

2022年，杜会长带领她的团队参加了在云南广播电视台一号演播厅举办的"丝路云裳·七彩云南2022民族时装文化节暨昆明民族时装周"，她的作品苗族服饰秀《指尖历程》分为三个篇章，《远古的记忆》《时代的蝶变》《时尚之路》（图12.14、图12.15）。从最古老传统的苗族服饰，到融入了西方立体剪裁的改良苗服，这些作品体现出设计师不俗的时尚品位，渗透着品牌自身的设计理念（对苗族历史的回望和坚守），对业界产生了很深的影响。

图 12.13 杜会长在培训班给绣娘们上课传艺

图 12.14《指尖历程》中与西方礼服结合的作品　　图 12.15《时代的蝶变》

4. 马关县龙树脚村

在此次调研中，我们还赶上了在马关县龙树脚村鞍马湖七彩风铃小镇举办的一场苗族服饰时装表演秀的彩排，我们采访了主办方马关县服务产业办副主任罗绍录，他告诉我们："这场秀分别对马关苗族 60—70 年代、改革开放时期以及五个支系（"蒙叟"和"蒙沙"主要在文山市，因此不在其中）的服装进行展示（图 12.16），所展示的服装由苗族村民和服装商户提供（这些信息也透露出马关苗族服饰的产业规模），大部分为老布制作和手工缝制。五彩缤纷的服饰秀出了马关苗族的历史文化神韵，展现出了马关苗族服饰独特的美。随着现代时尚的传播，民族传统文化与现代文明不断交融，融入时尚元素的民族服饰逐渐走进人们的生活，这不仅成为服饰艺术的一个亮点，也成为群众创业、增收的一个重要渠道。我们这次举办的大型山水田园民族服装秀，其目的是以举办服装秀为契机，充分展示马关民族服饰特色，助力马关文化产业进一步发展壮大，大力弘扬马关民族文化，促进边疆地区民族文化繁荣，推动马关民族文化繁荣发展，让民族团结之花尽情绽放。"（图 12.17）

图 12.16 马关县五个支系苗族服饰秀

a. 彩排现场　　　　　　　　b. 传统服饰　　　　c. 民族时装

图 12.17 马关县龙树脚村鞍马湖七彩风铃小镇的苗族服饰表演秀

◦ 调查小结 ◦

　　同为苗族，凭借马关地区口岸产业集聚和交通发达、信息同频等优势，文山马关苗族的生活方式和服饰审美与湘西、雷山等地区的苗族有明显区别。本次调查中，我们发现文山州马关县一带由于地处边境关口，来往信息与人员流通较大，导致传统文化受到影响，表现在传承本民族传统文化基础上的大胆变革和创新的意愿较强烈。主要有两个表现，其一，以生活中的便捷需要为主，但局部依然坚守民族传统服装，表现在该地区目前流行上衣为时装，下装为传统服装的"混搭"样式；其二，表现在各类盛装和礼服在领口与下裙造型中融入了一些西方裙摆样式，如杜坚老师的苗族服

图 12.18 带有西方礼服开领造型
（左 2）的民族服装（图片来源：马
关县政府网）

饰秀作品，以及龙脚村举办的民族服饰秀，又如图 12.18 中的服装。这种变化在马关县这个既有浓郁传统民族文化氛围，又处于口岸商贸开放地区，各种文化信息交集融合之地，是十分自然的事。还有一点，在我们所见的有民族服饰的场合，脚上所穿的鞋子却极不协调，既便是如图 12.7 中呈现的最典型的文山地区"七蒙"苗族传统服装，其搭配的却全部是现代尖头或高跟皮鞋。可见，民族服饰在这些地区正处于变革初期的混杂发展阶段。

　　尽管如此，文山马关县的苗族服饰无论是产业化程度还是时尚化程度，与其他地区苗族服饰相比，已走在前列。苗族服饰文化与当地文化、广电、旅游产业发展相辅相成，苗族传统文化在该地区的影响力和作用不可小觑。以"闹兜阳"为纽带，围绕苗家尊贤崇德思想，以祭祀风俗、待客迎宾礼节、传统歌舞表演等为内容的丰富多彩的苗族民俗文化带动了包括民族服饰在内的文化产品发展。例如，《文山壮族苗族自治州自治条例》第五十七条中提到，"苗族闹兜阳节与壮族三月三节都作为全州民族节，各放假 3 天"。云南省文化和旅游厅发布"云南省拟推荐'闹兜阳'申报第五批《国家级非物质文化遗产代表性项目名录》"公告。"闹兜阳"在推动带动文山地区文化产业方面发挥出凝聚、展示、传播、交流等作用。

　　这次调查主要在文山州马关县辖区开展，共收集到图像 516 张，影像资料 60 分钟左右，录音若干。通过这些资料，我们亲身感受到了文山苗族服饰文化与其他两大区域（湘西苗族文化区、雷公山苗族文化区）相比较所具有的差异性和独特性，为后期进一步对苗族服饰文化研究提供了宝贵的素材资料。

十三　云南彝族

　　截至 2021 年年末，中国境内彝族（图 13.1）人口为 9830327[①]，主要分布在云南、四川、贵州、广西四省（区）。其中，云南有 400 多万人，主要集中在楚雄彝族自治州、红河哈尼族彝族自治州及峨山、宁蒗、路南等县；四川 200 多万人，其中，凉山彝族自治州是全国最大的彝族聚居区；贵州约有彝族 70 万人，主要聚居于毕节地区、六盘水市和安顺地区；广西壮族自治区 7000 多人，聚居在隆林、那坡两县。[②] 其余分散在全国各地。彝族是古羌人南下后，在长期发展过程中与西南土著部落不断融合而形成的民族。当古羌人游弋到西南时，西南地区已有与其先后到达的两大古老族群——百濮族群、百越族群。古羌人到西南后与百濮、百越两大族群长期相处、互相融合，并吸收了百濮、百越的南方文化。

　　8 世纪 30 年代，蒙舍诏统一六诏，云南彝族、白族先民联合各族上层建立了南诏奴隶制政权，基本上控制了彝族先民的主要分布地区。康熙、雍正年间，清王朝在彝族地区推行"改土归流"。随着社会生产力的发展，部分地区比较迅速地由奴隶制向封建制过渡。

　　2022 年 7 月 20 日至 8 月 3 日，调研组前往云南昆明禄劝县屏山街道、大理市图书馆以及南涧彝族自治县等地调查（图 13.2）。

图 13.1 彝族风情（来源：国家民族事务委员会官网）

---

① 国家统计局：《中国统计年鉴 2021》，中国统计出版社，2021，第 2—22 页。
② 《彝族概况》，中华人民共和国国家民族事务委员会官网，https://www.neac.gov.cn/seac/ztzl/yz/gk.shtml，访问日期：2023 年 2 月 25 日。

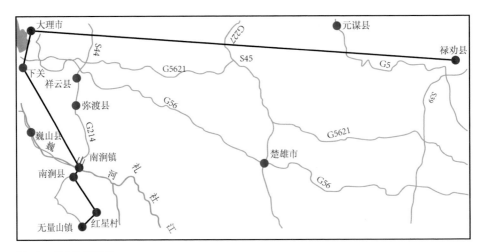

图 13.2 彝族调研路径

1. 禄劝县的火把节

禄劝古称"洪农碌券",地处滇中北部,东北接东川区,东与寻甸回族彝族自治县相连,南与富民县接壤,西南与武定县毗邻,北隔金沙江与四川省会东、会理两县相望,有"固滇省西北之屏蔽"之称,是由滇入川的"北大门"。①

我们去禄劝县主要因为那里正在举行一年一度的彝族火把节。彝族火把节是一场全民狂欢节,也是一个全民大秀场。在这个节日,所有最好的民族技艺、最靓的民族服饰、最有味的民族美食、最动人的民族歌舞等等都会一一亮相。据禄劝县官网介绍:彝族火把节是彝族十月太阳历的星回节。火把节一般过3天,在农历六月二十三日就杀绵羊祭祖,晚饭后,人们敲锣打鼓,互相撒火把来祝贺节日、驱鬼除疾。在广场中央竖起一大火把,大火把高8～9米,火把头1.3米左右,分12层,象征12个月。从六月二十三日晚点起火把,夜夜通明,连续3～5夜。火把节期间,家家杀鸡宰羊、饮酒对歌,中青年男女围在一起跳"跌脚舞",常常通宵达旦。②

澎湃新闻在2022年7月25日曾有这样一篇报道:为弘扬民族传统文化,增进民族间团结友谊,禄劝彝族苗族自治县一年一度的火把节盛宴如约而至。品羊

---

① 《禄劝县情》,禄劝彝族苗族自治县人民政府网,http://www.kmlq.gov.cn/zjlq/,访问日期:2023 年 2 月 25 日。

② 《彝族火把节》,禄劝彝族苗族自治县人民政府网,http://www.kmlq.gov.cn/c/2022-02-16/5796908.shtml,访问日期:2023 年 2 月 25 日。

汤锅、看民族服饰展演、跳篝火舞、逛书画摄影展、赏非遗展示……14 项丰富
多彩的活动都在禄劝 2022 年火把节期间精彩开启。① 我们参加的正是此次报道中
的火把节盛会。

　　到达禄劝的第一天晚上，我们就看见大家在城市的各个角落传递火把，大街
上的人明显变多，本地人都穿上了自己的民族服装，有苗族、彝族等不同民族。
禄劝火把节期间会举行祈福仪式、文艺体育、社会交往、产品交流四大类活动。
7 月 21 日晚，禄劝 2022 年火把节开幕仪式隆重举行，开幕仪式上的精彩展演，
充分体现了彝族敬火崇火的民族传统文化，各族群众载歌载舞，共同庆祝节日盛
会（图 13.3）。这样的节日氛围不仅体现了彝族古老文化的传承，也在人与人之
间搭建起了团结和睦的交流桥梁，对加强民族交流往来以及促进民族团结都有重

a. 广场中央燃起的大火把

b. 穿着民族盛装的火把游行队伍（张松平摄）

c. 禄劝县火把节开幕式

d. 火把节上的民族服饰表演

图 13.3 禄劝县火把节现场

---

① 《"火"力全开 禄劝和你"彝"起狂欢》，澎湃新闻客户端，https://m.thepaper.cn/baijiahao_19161989，访
问日期：2023 年 2 月 28 日。

要意义。火把节是彝族传统文化中最具有标志性的象征符号之一，也是彝族传统音乐、舞蹈、诗歌、饮食、服饰、农耕、天文、崇尚等文化要素的载体。当天火把节展演上，男孩子穿着彝族的褂子，举着火把，围绕着大火堆转圈，一边转一边唱着"阿嘞嘞——阿嘞嘞"，台上山歌情歌，台下杯盏酒歌，民族节日氛围非常浓厚（图 13.4、图 13.5）。

　　火把节也是民族服装纷纷亮相、争奇斗艳的最好时机，一场民族时装饕餮大秀在此刻上演。除了以上这些活动，火把节期间，还有少数民族非遗项目和传统技艺展示，以及在孔子书院里举行的非遗展出。彝族刺绣、彝族服饰均已被认定为云南省第五批《省级非物质文化遗产代表性项目名录》（图 13.6—图 13.8）。

　　火把节"非遗宣传展示活动"在孔子学院举行。展位上摆满了各种各样的非遗产品，不仅有彝族的剪纸刺绣项目，还有此处独有的羊毛花毡画染；不仅有彝族民族文化作品，还有苗族点蜡、服饰银器等其他民族传统技艺，琳琅满目，令人目不暇接。

图 13.4　酒歌对唱

图 13.5　山歌情歌对唱（冯志辉摄）

彝族剪纸（张松平摄）

苗族织布（县文旅局供稿）

苗族蜡画

图 13.6　火把节上的传统非遗技艺展示

a. 彝族刺绣　　　　　b. 代家彝族羊毛花毡画染技法　　　　c. 羊毛花毡画染作品

图 13.7 火把节期间的传统非遗技艺展示

图 13.8 孔子书院里非遗展示区上的民族服装（冯志辉摄）

小贴士

羊毛花毡画染技法（彝族）

　　羊毛花毡画染技法独特，图案色泽鲜艳、栩栩如生，它源于生活、存于生活。几百年来，它的生存和发展，与当地群众的生活息息相关、密不可分。它是彝族儿女结婚必备之物，新娘女伴们唱哭嫁调时坐于其上，完后成为赠送新娘的物品。另外，羊毛花毡还可当作床垫、地毯、披毡、毡帽、装饰挂件等使用。羊毛花毡在禄劝影响较大，相关作品参加过市工艺美术品展出和云南省文化博览会展出，具有很大的市场开发前景。它集观赏性、代表性和适用性于一体，使自身得以传承和发展。1999 年，羊毛花毡传承人代宗义被评为云南省民族民间高级美术师；2005 年成为非物质文化遗产省级传承人，羊毛花毡画染工艺也被列入市、县级保护名录。

　　代家羊毛花毡画染技艺已有上百年的历史，在代宗义的记忆中，祖父代光恩、父亲代永兴都一直从事这门技艺，现在他又传给了儿子代学昌，从传承谱系上属于家传方式。

2. 南涧县彝族刺绣

南涧彝族自治县位于云南省西部、大理州南端，与大理、临沧、普洱 3 州（市）和巍山、弥渡、景东、云县、凤庆 5 县山水相连。南涧县山区面积 99.3%、坝区面积 0.7%。截至 2021 年年末，全县户籍总人口 226767，少数民族人口 124102 万，占总人口的 54.73%，其中彝族人口 114098，占总人口的 50.32%。[①]唐朝时期，该地因处蒙舍诏南部，夹涧水之间又形似大涧槽，故名"南涧"。2008年，"南涧彝族跳菜"列入《第二批国家级非物质文化遗产保护名录》。在南涧县古驿栈虎街发现的母虎日历碑是最早反映中国彝族十月太阳历的古代文化遗存，加之十二兽神舞、母虎舞蹈等文化现象，形成了这里独特的母虎文化。

我们抵达南涧县城，来到了南涧县文化馆，希望能够了解当地服饰文化和绣娘的情况。文化馆杨振翠老师听了我们的来意，热情地给我们推荐了罗维珍、鲁仙秀、李希琴 3 位彝族刺绣传承人。

鲁仙秀老师是南涧县彝族刺绣服饰传承人、彝族刺绣州级艺术大师。她 12 岁开始学习刺绣，后来与李希琴都拜罗维珍为师，学习鞋子、裹背、衣服、围腰、头饰刺绣等传统技艺。鲁仙秀刺绣水平提高很快，现在已成为大理州级大师艺术大师，自己也开始带徒授业，经常参加省市县各种非遗项目展示活动，最近还积极参加县里组织的彝族文化走进校园的活动，创新设置刺绣、剪纸等非遗技艺课程，为同学们传授彝族刺绣技艺，让民族文化、民间技艺真正进入校园、走进课堂，代代传承（图 13.9、图 13.10）。

我们要去采访的罗维珍老师是鲁仙秀和李希琴的师傅（图 13.11）。大理州《第五批州级非物质文化遗产项目代表性传承人》推荐名单上这样介绍她：罗维珍，女，彝族，1966 年 4 月出生，传承项目为彝族刺绣。

罗维珍老师的家在南涧彝族自治县无量山腹地的红星村。红星村隶属于云南省大理州南涧县无量山镇，是一个海拔 2300 多米高的山村（无量山主峰海拔3370 米）。去村里的交通不是很方便，每天只有一班来往的公交车，早上班车从红星村出发至县城，下午从县城回红星村。为了赶时间，我们叫了网约车前往。从县城到村里，开过一段高速公路后，我们的车便离开高速走上山道，柏油路变成水泥路，水泥路又变成泥巴路，几次上山下山，有点像坐过山车，窗外的山景

---

① 《南涧县总体概况》，南涧彝族自治县人民政府网，http://www.zgnj.gov.cn/njxrmzf/c105020/202101/06599 b33150e4f4ab2ec6a09dff7a9bb.shtml，访问日期：2023 年 2 月 23 日。

a. 鲁仙秀参加"赏无量山樱花，看南涧跳菜"主题直播活动　　　　b. 鲁仙秀参加彝族文化走进社区活动

c. 鲁仙秀（右1）在彝族传统文化走进校园活动上　　　　d. 鲁仙秀的绣品

图 13.9　鲁仙秀老师在非遗活动现场

a. 李希琴（左4）参加南涧三中非遗活动　　　　b. 李希琴参加大理南涧非遗文化之旅活动

图 13.10　李希琴老师在非遗活动现场

还不错，只是盘旋在这样的山路上还是有些心惊肉跳。村里没有旅馆饭店，罗老师热情招呼我们，我们的吃住都在罗老师家解决。

走进罗老师家，映入眼帘的是一个院子，院子三面都是房子，另有一面墙。

图 13.11　南涧彝绣师傅罗维珍（右 1）
与二位高徒

图 13.12　彝族人崇尚红、黄、黑三色

　　房子有架空层，架空的地方用来饲养牛羊，人住在楼上。这有点类似西南地区的
吊脚楼，不同的是，房子不是木制而是砖瓦造的。

　　"平时我们穿去参加节日活动的服饰都是自己纯手工绣出来的，最为隆重的
是出嫁盛装，这一套精致的新娘装需要半年时间才能做完。"在罗维珍老师家里，
她给我们介绍了南涧彝族刺绣的情况。彝族人崇尚红、黄、黑三色，生活用具多
以此三色为主色调（图 13.12）。彝族崇尚火，每年农历六月二十四日，彝族人民
都要举行火把节及祭祀庆祝活动，杀猪宰羊祭祀火神，祈求全家人健康平安。届
时，南涧县城会举行盛大的祭火仪式，各族同胞共同欢庆火把节，同时也会进行
各地彝族服饰大展示。南涧现在最出名的是"彝族跳菜"，"彝族跳菜"还出过国，
是国家级非遗项目了。现在"彝族跳菜"已经形成了一个产业链，彝族传统服装
需求大大增加，相关服装刺绣也因此得到了很大发展。

　　我们从罗老师那里得知，南涧彝族刺绣内容为以自然中所见的动植物图形

a. 胸兜绣片　　　　　　　　　　b. 对龙背心绣花　　　　　　　　　c. 凤穿牡丹

图 13.13 罗维珍老师绣品（图 13.8—图 13.13 由罗维珍、鲁仙秀、李希琴提供）

为多，例如牡丹花、杜鹃花、荷花等，与楚雄地区大量使用的马缨花有所不同；动物一般有鹤、蜻蜓、蝴蝶等等。刺绣的技法、色彩规律、内容按照个人审美进行设计。罗维珍老师擅长使用打籽绣，她认为打籽绣更加有立体感，且不会被银饰勾住。

南涧彝族人服装刺绣部位主要在衣领、襟边、袖臂、项背，还有头巾、帽子、盖头、裤脚、腰带、荷包等地方。在传统服装制作中，多采用盘花、贴花、刺绣、挑花、滚边、镶嵌等各种工艺，用各种色线、色布刺绣或镶嵌成多种图案和花纹。南涧彝族服饰的图案纹样，大多取材于大自然和劳动生活中所观察接触的各种事物的形体（图 13.13）。

罗维珍老师不仅自己经常参加各种活动去展现彝族刺绣的风采，还教徒传技，培养出了一批优秀的彝族绣娘，其中鲁仙秀与李希琴两位徒弟分别荣获大理州级和南涧县级非遗传人的称号，师徒三人成为南涧刺绣界的顶梁柱，每次非遗活动中都有她们的身影（图 13.14）。

图 13.14 罗维珍与鲁仙秀在非遗活动现场

3. 南涧一绝"彝族跳菜"

我们在南涧县文化馆就已经听说了南涧有一个绝技——"彝族跳菜"。这次听罗维珍老师细讲了"彝族跳菜"在本地的影响及其对彝族服装刺绣发展所起的巨大推动作用后，我们更想对"彝族跳菜"一探究竟。

云南睿馨文化传播公司在《大理故事》第四十四期节目中详细介绍了"彝族跳菜"从飨宴文化到舞台艺术的蜕变故事。节目开始就介绍了"彝族跳菜"出国表演的事：2015年10月21日，国家主席习近平和夫人彭丽媛出席在伦敦兰卡斯特宫举办的中英创意产业展，整个演出活动只有两个节目，其中一个就是"彝族跳菜"，云南原汁原味的元素与世界音乐巧妙融合，反响强烈（图13.15）。

"彝族跳菜"本是南涧彝族自治县无量山、哀牢山一带彝族群众举行婚丧等活动时必不可少的习俗活动。逢喜事以"跳菜"助兴，遇丧事以"跳菜"化悲，跳着彝族特有的舞步，边跳边按"棋子"的布局摆菜。这种融舞蹈、音乐、饮食于一体的上菜礼仪，是为尊贵宾客而跳的一种礼节性舞蹈（图13.16）。自1984年南涧乡土艺术家发现"彝族跳菜"以来，"彝族跳菜"从民间宴席走上舞台，成为国内外观众喜闻乐见的艺术，先后荣获"荷花奖""群星奖""山花奖"等奖项，并成功在英国王宫为中英两国最高领导人表演。"彝族跳菜"如今已成为国家级非物质文化遗产（2008年入选第二批）。[①] "彝族跳菜"把彝族人粗犷豪放的性格表现得淋漓尽致，南涧彝族村寨中的跳菜则更为传统。这种起源于原始母系社会、自唐朝开始在民间盛行千年的"彝族跳菜"，构成了南涧民间文化的重要部分。在南涧，粗犷质朴的"彝族跳菜"，带着远古的神秘气息，以恰如其分的方式，融入现代人们的生活当中，成为南涧一张靓丽的名片。

传统的"彝族跳菜"以"实地跳菜为主"，也称"宴席跳菜"，遇到结婚、满月、周岁、祝寿等喜庆的场合，都要行跳菜之礼以示庆贺。可以说，跳菜成了南涧民间重大生活事件的见证，也是南涧人待客的最高礼仪。它打破了舞蹈、音乐仅作为饮食陪衬角色的格局，将舞蹈、音乐提升为饮食中不可缺少的一个环节，把整个宴席推向高潮。

---

① 《彝族跳菜》，国家级非物质文化遗产代表性项目名录清单，中国非遗文化遗产网，https://www.ihchina.cn/project_details/13057/，访问日期：2023年2月26日。

宴请宾客时，先敬四方神灵，然后引菜人边舞着毛巾，边做着进退逗引的各种姿势，与手托托盘的抬菜人一起，和着大铜、唢呐的音乐节拍，跳着"手托金鼎"、"喜鹊蹲窝"、"苍蝇搓脚"、"双羊顶架"、"仙猴攒食"、"五谷丰登"、"金牙咬桌"等舞步（图 13.17、图 13.18），把大厨精心烹制的菜肴跳着、舞着，以看似惊险而又平稳的杂技方式从厨房端到餐桌，摆出双梅花、双柿花、单周莲等花形。这种既能满足人饮食之需，又令人赏心悦目的跳菜，饱含着彝家人礼赞生活的深厚情谊。

图 13.15 "彝族跳菜"在伦敦兰卡斯特宫表演
图 13.16 粗犷质朴的"彝族跳菜"
图 13.17 "五谷丰登"抬菜舞
图 13.18 绝技——"金牙咬桌"跳菜舞

图 13.19 彝族跳菜项目国家级代表性传承人
鲁朝金

在众多"跳菜人"中，1966 年出生于阿葩新村一个跳菜世家的鲁朝金脱颖而出。他 16 岁开始正式学习打歌和跳菜的步伐，是鲁家跳菜的第四代传人，经过多年的打磨锤炼，2009 年 6 月被文化部评为《彝族跳菜》项目国家级代表性传承人（图 13.19）。①

与鲁朝金齐名的还有被称为国家非物质文化遗产彝族跳菜"代言人"的南涧人阿本枝（图 13.20）。他出生在彝族民间艺人"歌郎头"阿玉帮家里，从小就受到彝族打歌跳菜的熏陶。1980 年开始，阿本枝开始致力于传承和保护南涧跳菜这一民间艺术，积极挖掘传统的同时编创具有浓郁民族特色的文艺节目，并积极参与各种大型文艺活动现场。他将南涧打歌和跳菜艺术融合，不断丰富跳菜艺术的内涵，还将南涧跳菜风格和流派由最早的"宴席跳菜"发展为"乡村跳菜"和"宾馆跳菜"两种表现方式，并将"舞台跳菜"发展到了"广场跳菜"。

几十年来，正是因为有像鲁朝金、阿本枝以及一大批民间文化工作者的坚持、挖掘、传承和创新，"彝族跳菜"从山间田野跳向繁华都市，跳进了艺术殿堂。通过参加大理三月街民族节等大型演出活动，以及在进校园、进社区活动中发现和培养彝族跳菜艺人（图 13.21），"彝族跳菜"已成为一项带动南涧文化、服饰、餐饮、旅游等多种经济融合发展的新产业。

南涧彝族自治县因势利导，以"彝族跳菜"为龙头，在推动产业化发展的同时，举办各种民族文化交流会以及各种文化活动，使得包括服饰刺绣文化在内的彝族文化、非遗传承人、学校、生活四个主体相互融合，坚持可持续的良性发展。

---

① 《鲁朝金》，国家级非物质文化遗产代表性项目代表性传承人清单，中国非遗文化遗产网，https://www.ihchina.cn/ccr_detail/1333/，访问日期：2023 年 2 月 26 日。

图 13.20 被誉为"彝族跳菜"项目"代言人"的阿本枝　　图 13.21 跳菜队员进南涧三中校园传技

调查小结

对大理南涧彝族地区的调研，刷新了我们对南涧彝族历史文化的认知。我们曾一直以为，彝族的历史文化中心在凉山、昭通地区，旄牛徼外是彝族的发源地，曲靖、昭通是"六祖分支"的开始、彝族文化的发祥地。现存的 18 部彝文《指路经》，其终点大多指向同一个地方——兹兹朴窝（今昭通市政府所在地）。从"六祖分支"的地区来看，南涧地区基本处在外围边缘区。笔者去过宁蒗地区，那里的彝族服饰多以黑色为主，以贴布绣装饰为多，较少刺绣，喜披"擦尔瓦"与毛毡，整体风格比较粗放沉重，基本保持彝族最早的服装风格。在禄劝火把节和大理南涧看见的彝族服饰则款靓色鲜，甚至有些还很时尚。形成这些差异的原因有多方面，但是禄劝民族服饰的丰富多彩与火把节这一全民狂欢节盛会以及在其间举行的多种文化艺术、"非遗"传统技艺活动的积极参与程度是分不开的；南涧民族服饰刺绣的良好发展与南涧"彝族跳菜"这个中国独一无二的国家级非遗项目的活跃程度也有密切关系。南涧"彝族跳菜"是一种集音乐、舞蹈、杂技、服饰妆容表演于一体的餐饮娱乐文化，参与者和表演者无缝链接，同场欢度，互动性和观赏性极强，在这样欢快、热烈的氛围下，注定其着装色彩饱和度和刺绣等装饰成为服饰主要表现点。虽然凉山彝族地区也有火把节，也有不少非遗活动助力，但总体上凉山地区火把节的宗教神性更重，仪式感更强，娱乐性则相对要弱一些。这种娱乐性实际上是当代年轻人对于生活的一种态度，无论是汉族还是少数民族，开放程度越高，这种民族传统活动的年轻化趋势就越强。少数民族原本大多生活在封闭隔离的山区，因此脱贫攻坚战最重要的任务就是通路、通信，那种"千里不同风，百里不同俗"的状况已经一去不复返了。在这样的大格局、大变局下，西南民族地区的传统文化和非遗技艺应该顺应时代发展需要，切实处理好保护、传承、发展、创新之间的平衡与协调，与时俱进。

此次调查中共拍摄照片 1590 张、视频 25 分钟。我们从中选取了具有一定代表性的内容，以供参考。

后　记

　　自从接受对西南地区少数民族服饰文化开展调查的任务以来，匆匆已过三年，虽然这三年正好遇上疫情，出于防疫需要，有些地区和村寨人员进入不便，但调研组团队还是见缝插针，逆向而行，在滇黔民族地区深入山间、走进村寨。我要求调研组成员必须融入少数民族生活中，与族民同吃同住，原因有两个：其一，让调研者体验、感受少数民族真实的生活场景和劳作状态，如此才能了解到他们为什么会这样穿衣，为什么要这样佩戴，为什么会用这种工艺来制作，才能获得真实的第一手资料。其二，我们去的绝大多数村寨是未开发或正待开发中的自然村落，有些尚处于乡村振兴阶段，基本没有旅店客栈设施，只能借宿村民家中，便于与本地族民沟通交流（后记图1）。

　　在这些民族地区，大部分年轻人都离乡读书或谋生，中老年人和妇孺是主要群体。有少数从"脱贫"转入乡村振兴较早的平坝地区，已经有一些受过高等教育的年轻人开始回乡创业，他们成为新一代民族传统文化遗产的传承人，如本次调查出现的"80后"周城大理州级代表性传承人小白（张翰敏）、泸沽湖畔的"85后"摩梭青年阿七尼玛次尔、都匀布依族的"吾土吾生"创始人"85后"韦祥龙、新平县傣族"85后"刀向梅、"90后"望谟镇布依女孩王封吹、鹤庆甸南白族刺绣的县级代表性传承人"00后'绣郎施达'"等，这些年轻人正在成为西南地区的民族传统文化技艺的新一代传承人和创新者。

　　但总体来看，西南民族山区仍以老幼群体为主。他们既是留守人员，也是民族地区传统文化的守护者。在那里，七八十岁的老人或在田间地头劳作，或养猪放牛（羊），闲暇时做些绣花打带等手艺活，自用或拿到集市上换零钱的行为都是生活常态。在那里，没有等人"养老"的想法，只有"勤劳"而作的朴实生活观。民族地区女性的坚韧与勤劳更胜男性，无论是在家务操持还是田间劳作方面。有一次，我正走在永宁比七村彝族山区的机耕道上，迎面碰见一位弓腰背着一大捆麦秆的老阿婆，这堆麦秆几乎把老阿婆整个人遮住（后记图2）。我过去想帮她一把，她连连摆手。我问她："怎么没让您家孩子来背？""孩子们都外出打工去了，家里还有一个小孙子。""您多大年纪了？""75岁。"老阿婆边说边从我身边走过去了。这位阿婆头上裹着红地八角花头巾，上身穿着蓝绿色棉袄，袖

后记图 1 夏帆在马尔康采访嘉绒藏族　　　　　后记图 2 背着麦秆的 75 岁彝族阿婆

口和门襟边有红色绣花，下身穿着麻棉料的黑地红色暗花百褶裙，脚上是一双解放军鞋，鞋上沾满了泥土。远处的田中央有几个妇女正用木棍打麦秆，她应该是从那边背出来的吧，这段路足足有好几百米。我忽然想起了在湘西早岗苗寨凉亭里佝偻着身躯正在打织带花的老人——87 岁的苗族龙阿婆说过的话："每打完一条织带，或刺好一片绣花，就能看见这些产品随着孩子的身影在动（她的意思是这些东西都是孩子身上穿戴用的），就能感觉自己的生命也在动（活着）。"是啊，龙阿婆不会说大道理，但她却道出了当今社会上许多人苦苦思索的大问题：为什么而活？为谁而作？从二位古稀之年、耄耋之年还劳作不辍的阿婆身上，我似乎还找到了民族地区的女性服装上应用那么多刺绣织带的原因。除了女儿家的爱美之心和族群文化的展示，还隐藏着绣花实用功能的真相。少数民族的刺绣位置不在胸部，而是绣在服装的袖口、领肩、下摆、脚口等部位，因为这些部位是劳作中最容易碰触、磨损的地方，在物质贫乏的年代，局部绣花很好地解决了这个实际问题。

　　大多数人对少数民族的认识是从她们艳丽的着装穿戴开始的，当然，人们在各种影视媒体、报道中所看见的都是最隆重的盛装。现在，很多去过少数民族村落的游客总是抱怨看不见那么华丽的民族服装，这是因为他们不了解少数民族的真实生活状况。其实，少数民族服装也有礼服（盛装）和常服之分，日常生活穿常服，婚嫁、节庆、祭祀等重大活动时才穿盛装。常服以劳作需要为前提，也会在易碰触部位绣上一些刺绣。少数民族的日常劳作中，大部分事务是由妇女承担的，围兜、围裙时刻不离其身，便是最好的证据。她们不仅要做好家务活，田间地头也是她们的劳作区，所以围兜、围裙成为每个少数民族妇女的必备品，同时也成为她们巧手慧心的一个展示窗口。这种习俗一直沿用到盛装中，不同的是，盛装中的围裙、围兜上的刺绣更精美靓丽，是盛装中的重要配件之一。对少数民族来说，盛装不是可有可无，而是每个族员的标配，是族群身份的显证。盛装上有许多民族图腾的标识和先祖的烙印，没有盛装，意味着不能被寨中司掌族内事务的长者认同与接纳，就没有资格参与族群事务和活动。少数民族盛装已不仅是个人形象需要，更是族群内的一种信仰和契约。盛装中的每一个部件和部件上的装饰都是精心制作而成，是该民族历史文化积累的集成展现。因此，少数民族服饰被业界称为"无字天书"，是探秘少数民族历史发展、宗教崇拜、生活方式、物质水平、精神文化等的重要线索和依据。因此，可以这样研判：少数民族服装文化价值观与多数民族服饰文化价值观有很大区别，尤其反映在其具有代表性的盛装上。前者多为满足客体（族群）需求，而后者以满足主体（自我）需求为主。当代民众服饰文化价值观强调的是个人存在感和个人审美趣味，追求的是与众不同的个人形象和个人价值呈现；少数民族服饰强调的是族群群体文化特征，表现出来的是个人对族群文化的高度依赖和自觉守律。一旦离开族群的认同，生者就会失去祖先神灵的庇护，死者也无法"落叶归根"，从而魂魄不宁。因此，盛装成为族群文化、宗族精神高度浓缩的重要载体。以至于盛装样式确立后，往往在很长时间里成为族群公众形象标准，并在不断参与族群活动中一以贯之，其核心形象百年甚至千年不变。

与此相辅相成的是少数民族名目及数量繁多的节日、祭祀等群体活动，少数民族通过这些活动维系成员的群体共同情感。

少数民族还有一个特点是族群的根系文化和地缘文化之间的关系，往往地缘文化会强于根系文化，从而导致各族各支系之间出现同宗远、地缘近的服饰文化特征。究其原因，其一，少数民族在历史上经过多次迁徙、交流和交融，除了少数几个民族，如藏族、蒙古族、维吾尔族等有自己的文字，大多数民族没有自己的文字，故无法用文字记载自己的历史，靠的是口口相传、以图记事。这些民族有根文化，但系统性不强，导致迁徙中逐渐散落变异；其二，这些长期迁徙中的少数民族大部分到清朝中后期才形成现在的定居版图，很多部族成员在某些途经地扎营安寨，周边皆为深山大川，与外界联系中断，长期处于自给自足的自治式发展中，只能在非常有限的邻近范围里往来交流。长期以来，根系文化的传承大打折扣，而地缘文化影响明显强于根系文化。

　　正因如此，我们今天能看见同一民族不同地区的支系的盛装会出现如此大的变化，邻近的不同民族之间的服装样式相互借鉴和融合倒是常见之事。以纳西族为例，纳西族服饰文化发展中的不同文化类型，主要有纳西丽江坝区、纳罕白地俄亚地区、纳汝泸沽湖地区三个区域为代表的"文化三类型"。纳西族源自中国西北古羌人向南迁徙的氐羌夷系部族，大约在公元三世纪迁徙到滇川藏交界区域，是与本地土著民融合发展而成的民族。而后，纳西族以丽江平坝为核心，向云南省维西、中甸、德钦和四川盐源、盐边、木里及西藏的芒康、察隅等县发散。其中，丽江坝区纳西族服饰集中了纳西族最精华最典型的文化特征，代表了纳西族服饰的中坚形象：妇女身穿浅色大襟宽腰大袖布袍，前短后长，内穿立领右衽上衣；外加红色毪氇镶边坎肩，配深色长裤，腰系用黑、白、蓝等色棉布缝制的百褶围腰，背披缀有精美七星的羊皮披肩。成年女子留发编辫，已婚妇女戴蓝色箍子、头帕或帽子，未婚姑娘一般梳扎长辫垂肩后，也有戴头帕或帽子的。中甸三坝和宁蒗永宁地区则受藏族影响较大。永宁的摩梭人男子穿"楚巴"（即藏服），头戴金边毡帽，身穿掺丝图案（一种有蚕丝提花图案的丝麻交织面料）麻布上衣、宽边呢帽、高筒靴，与藏族风格相近。摩梭人女性服装中的长裙保持了纳西族的传统，但编发与头饰显然兼有藏、纳融合的特色。盐源一带的纳西族支系"纳汝人"，其黑头帕与蓝布衫明显受当地汉族影响。在玉龙县与九河乡接壤地区，纳西族服饰明显受到白族影响，其多层头帕造型和胸系丝质挑花方巾都带有九河乡白族特色，九河乡的白族也身披纳西族最典型的七星羊皮披肩（图8.21、图8.22）。民族地缘文化影响可见一斑。再如处于黔东南六堡地区的畲族，与闽浙沿海地区的畲族大相径庭，却与毛南族、苗族土家族等相似度较高（后记图3）。

　　从西南民族地区调查结果来看，大部分少数民族都有自己的支系，而各支系的服饰又不尽相同，造成支系之间服饰样式差异的原因除了地缘因素外，还有另一个原因。新中国成立后，在民族成份识别之前，仅从当时登记册上记载的民族称谓就有400多个，也就是说现有的55个少数民族是由多个原本散居生存着的族群合并而成，这些被合并为同一命名下的部族成为该民族的支系，但不可否认的是，这些支系仍保留着明显的自我文化特征，服饰就是其中之一。

	围腰		套袖		单片袖装饰		银饰
贵州畲族		贵州畲族		贵州畲族		贵州畲族	
贵州毛南族		尚重、肇兴侗族		台江苗族		西江苗族银饰	
贵州土家族		贵州革家族		贵州西江苗族		苗族东部方言区	

后记图 3 周边民族服饰对六堡地区的畲族服饰影响（来源:《畲族源生服装图系研究》）

因此，作为服饰文化的研究者，应该从族群整体风貌的把握与各支系的服装差异特征中，去解读该民族的内核与外延，用族群的系统关联性与支系的个体生发性相互考量，才能获得较完整、客观、科学的评判，尤其是在各类文化遗产项目申报、命名中。目前出现的以族名为项目名申报的各类"非遗"中，就有以偏概全的问题。如现国家级非遗名录中已被命名为"畲族服饰"的服装样式，实际上仅仅是福建罗源地区的服装样式。另一种现象则正好相反，如布依族与壮族唐代以前是同宗同源，唐代以后由于各种原因发展成为两个族群，但布洛陀始终是这两族共同祭拜的对象。2006 年，"布洛陀"成功被列入第一批《国家级非物质文化遗产代表性项目名录》。这两个案例的结果一样，都是在民族文化的研究中以偏概全的不合理现象。

习近平总书记说:"展开历史长卷，从赵武灵王胡服骑射，到北魏孝文帝汉化改革；从'洛阳家家学胡乐'到'万里羌人尽汉歌'；从边疆民族习用'上衣下裳''雅歌儒服'，到中原盛行'上衣下裤'、胡衣胡帽，以及今天随处可见的舞狮、胡琴、旗袍等，展现了各民族文化的互鉴融通。各族文化交相辉映，中华文化历久弥新，这是今天我们强大文化自信的根源。"① 随着在西南民族地区调研的深入，我们越来越能感觉到少数民族服饰文化的恢宏博大和历史深度，以及在这种纵横交错中呈现出来的多元、交叉、叠加、复合文化的复杂性和多样性，正是这种复杂性和多样性构成了中华民族多元一体文化的丰富性，这也是人类命运共同体的最好彰显。这种多元、交叉、叠加、复合式的文化现象，对于肩负实现中华民族文化复兴担当重任的文化艺术研究者来说，无疑是一个最大、最鲜活的素材源。最难能可贵的是，这种多样性的艺术形式和审美活动发生在鲜活的日常生活之中，其价值不言而喻。体现出各民族优秀文化的民族服饰既璀璨靓丽又丰富多彩，且每一种在艺术形式语言和审美趣味上都可以独立成章。把中国民族地区称为"最真实鲜活的、丰富多样的、有根有据、人文与自然混为一体的文化艺术博物馆和素材库"，也许并不为过吧。

　　三年前，我们对于西南民族地区服饰文化现状知之甚少，想去探究，却不知道门径何在。幸亏得到了许多领导、专家、朋友的帮助和支持，他们为我们牵线搭桥，提供了各种信息和渠道，犹如黑暗中的航标灯。虽然这三年疫情横行，但在众人助力下，调研组方能狭路逢生、逆境而上。我们深入西南少数民族腹地，以设计者的专业视角捕捉、摄录少数民族日常行为、生活形态、生存环境以及节日狂欢中的各种形象，用面对面访谈、手把手学习、同吃同住的方式走进村寨族民和民艺工作者家里，探寻他们的生活轨迹和手工技艺，感受他们的风俗和审美趣味，用镜头记录了他们鲜活的喜忧悲欢……我们从中选取了一些具有代表性的照片和视频，补充了与照片内容相关的历史背景和自己的感受。虽仅为冰山一角，亦期望能以设计从业者的视角给大家呈现西南少数民族服饰文化相关的人、物、场景一隅，为少数民族服饰文化研究者提供一些素材和视角，这也是对关心、帮助、支持我们的领导、专家学者和朋友们进行的一次汇报。

　　在结束本文之前，我要由衷感谢给调研组提供信息资料的各民族传统文化守护者和传承人，并允许我在此公开至今令我们难忘的与你们在一起的场景（后记图4—后记图42）。

---

① 《习近平：在全国民族团结进步表彰大会上的讲话》，新华网，http://www.npc.gov.cn/npc/c30834/201909/a67c2327d14e4e289d349bec4a128245.shtml，访问日期：2023年3月6日。

后记图 4　左起贺华洲、严昉、刘英（苗族）、曾慧祥、夏帆
后记图 5　调研组在南花苗寨穆大姐（右 2）家院中
后记图 6　左起夏帆、韦祥龙（布依族）、贺华洲、严昉、卢延庆
后记图 7　左起卢延庆、严昉、潘瑶（水族）
后记图 8　左起刘玉莹、罗富花夫妇（傈僳族）、赵佳璐
后记图 9　左起袁妍、罗文珍（僙家人）、刘田田

后记图 4	后记图 5
后记图 6	后记图 7
后记图 8	后记图 9

后记图 10	后记图 11
后记图 12	后记图 13
后记图 14	后记图 15

后记图 10　左起刘雅婷、潘小艾夫妇（水族）、卢雯昕

后记图 11　左起罗维珍夫妇（彝族）、王雨萍

后记图 12　左起地扪侗族博物馆杨正准副馆长（侗族）、卢文昕、吴胜华（侗族，侗戏传承人）

后记图 13　左起龙玉门（苗族）、张粤湘

后记图 14　左起杜坚（苗族）、徐迎

后记图 15　左起杨秀美（傣族）、赵娅丽

后记图 16　左起戚孟勇、姚琛、宋金明、阿七尼玛次尔（摩梭人）在永宁
后记图 17　左起摩梭达巴（摩梭人）、夏帆、周羽菲、林儒凡在金沙江畔
后记图 18　作者与瓦拉别村阿七独支玛（摩梭人）母子在家里交流
后记图 19　调研员王佳敏（右 2）在给瓦拉别村村民培训现代服装技术
后记图 20　作者在翁冲旦史拉姆（摩梭人）家
后记图 21　作者在摩梭品丁井巴家与老祖母全家人一起吃饭

后记图 16	后记图 17
后记图 18	后记图 19
后记图 20	后记图 21

扫二维码看泸沽
湖畔女儿国里的
织女情视频

后记图 22　作者拜访东巴文化研究院李德静院长（纳西族）

后记图 23　调研组拜访黔东南州苗学会常务副会长雷秀武（苗族）
　　　　　（左 2）

后记图 24　调研组在黔南州民俗文化学会民族服饰研究院与陈青院长
　　　　　（苗族）（右 2）交流

后记图 25　作者与云南省图书馆杨梅（白族）研究馆员

后记图 26　作者拜会丽江市泸沽湖摩梭文化研究会何宁庆（摩梭人）
　　　　　会长（左 1）及丽江（国际）母系文化学会曹建平（摩梭人）
　　　　　会长（左 2）

后记图 22	后记图 23
后记图 24	
后记图 25	后记图 26

后记图 27	后记图 28
后记图 29	
后记图 30	

后记图 27　作者拜访丽江博物院
　　　　　木琛副院长（纳西族）
后记图 28　作者拜访黔南州民族博
　　　　　物馆韦云彪（布依族）、
　　　　　王克松（布依族）馆长
后记图 29　作者拜访贵州民族博物
　　　　　馆田军（苗族）副馆长
后记图 30　作者拜访云南民族博物
　　　　　馆张金文（哈尼族）副
　　　　　馆长

后记图 31 2020 年 9 月在浙江理工大学丝绸博物馆举办的"族魂衣兮——西南少数民族服饰采风展"（左起校党委宣传部长姚珺、浙江省民族宗教事务委员会二级调研员蓝焰、服装学院党委书记朱小行、院长邹奉元、副院长冯荟、国际丝绸联盟秘书长李启正、校丝绸博物馆馆长葛建刚、校科研院社科中心主任王晓蓬、丝绸学院院长傅雅琴、浙江省丝绸与时尚文化研究中心秘书长汪颖）

后记图 32 调研组成员布置现场合影

后记图 33 "族魂衣兮——西南少数民族服饰采风展"一角

后记图 34 原浙江省政协浙江省委民族和宗教委员会专职副主任赵宏（右 1）参观展览

后记图 35 中国美术学院郑巨欣教授在展览现场与作者交流

后记图 31	
后记图 32	后记图 33
后记图 34	后记图 35

后记图 36　专家学者观展合影（左起姚琛、李加林、夏帆、冯荟）

后记图 37　浙大图书馆副馆长黄晨（左1）、武术家吴纪之及其夫人（右1、2）观展

后记图 38　美国《华人网》总编辑于天竹（右1）观展

后记图 39　本项目论证会（左起曾慧祥、夏帆、戚孟勇、王晓蓬、段超、郑巨欣、李加林、朱旭光、严昉）

后记图 40　作者夏帆在 2023 丽江"民族·时尚·生态"双边学术会议上演讲

后记图 41　丽江市博物院举办的"中华民族服饰文化源创展"中的部分调研成果及以此为灵感创作的"天造地设·听凤鸣"系列设计服装作品

后记图 36	后记图 37
后记图 38	后记图 39
后记图 40	后记图 41

扫二维码看"天造
地设·听凤鸣"视频

后记图 42 2023 年 3 月 14 日浙江理工大学与丽江博物院在丽江举行的"民族·时尚·生态"双边学术会议。中国民族学学会王延中会长致开幕词，浙江理工大学服装学院院长崔荣荣、社会科学院原副院长杨福泉、丽江市博物院副院长木琛、丽江市东巴文化研究院院长李德静、丽江（国际）母系文化学会会长曹建平、美国《华人网》总编辑于天竹、意大利米兰理工大学教授 Luca Fois、中央民族大学教授周莹、北京服装学院教授梁燕、浙江理工大学教授夏帆、陈敬玉在会上做了学术报告

还有一些素未谋面，但一直在关心、爱护少数民族服饰文化的同路人，感谢你们拍摄的精美照片，它们令人爱不释手，在采访单位、机构、传承人等推荐下也已列入本书相应章节中，因无法直接联系到你们，如有机会一定当面致谢。

我要特别感谢为本书添光加彩的两位纳西族学者杨福泉和木琛老师。杨福泉老师给本书写了"首序"，木琛老师用东巴文为本书题写了"族魂衣兮"及自序第一段。杨福泉老师在云南大学先后获文学学士学位和历史学博士学位，又获联合国大学博士后奖学金并到美国加州大学戴维斯分校访问研究，之后在德国科隆大学从事为期 4 年的纳西族语言和东巴文化的合作研究，并先后应邀到欧美、东南亚等数十个大学访问讲学。1998 年入选"中国百千万人才工程"第一层次人才，2009 年获得国务院政府特殊津贴，2011 年入选"2011 第三届中国杰出人文社会科学家"。现任云南大学博士导师、中国民族学学会副会长、中国西南民族学会副会长，云南省文史研究馆馆员、丽江市委市政府顾问等。曾主持过国家哲学社会科学重点项目和多项国家社科项目，发表过《多元文化与纳西社会》《中国西南文化研究 2013》等 10 多部专著和 180 多篇论文，是当代中国少数民族学者中为数不多的横跨文学、历史学、民族学等多学科并融东西方人文科学于一身的学者。同时，杨老师还十分关注民族服饰文化发展状况。他曾于在 2004 年亲自引进和主持德国米苏尔社会发展基金会资助的"少数民族妇女传统手工艺技术培训"扶贫项目，在丽江城郊的白华建立了民族手工艺培训中心，取得了很好的社会效应。

木琛老师是一位潜心静修，造诣很深的东巴文化学者和东巴文书法家，现任丽江市博物院副研究馆员，副院长，主要从事博物馆展览策划及东巴文化、丽江民间艺术研究和传承工作，是丽江市市管专家、享受省政府津贴专家、丽江市东巴文化传承协会秘书长。1994 年大学毕业后，他主动要求到博物院工作，几十年来一直孜孜不倦，系统性地学习和研究东巴文化知识。在他和同事们的努力下，丽江市博物院收集了大量民间的东巴文化文物，藏品在所有民族地区博物院当中是最丰富的。木琛老师曾在丽江市广播电视台文化旅游频道《天雨讲坛》专题讲座东巴经名著《崇般图》和经书《创世纪》，应邀在西南大学汉语言文献研究所进行《丽江博物馆藏珍贵东巴文物品鉴》讲座，受到广泛好评。

在此，我以最诚挚之心对以下领导、专家学者、民族非遗传人、匠人、民间艺术家致以崇高的敬意和谢意！

陈文兴、王延中、段超（土家族）、陈宏、杨福泉（纳西族）、李加林、郑巨欣、邹奉元、崔荣荣、朱旭光、杨梅（白族）。

（以下名单以姓氏笔画为序）

于天竹、马玉菊（纳西族）、韦祥龙（布依族）、田军（苗族）、卢延庆、何宁庆（摩梭人）、阿七尼玛次尔（摩梭人）、李启正、李德静（纳西族）、刘英（苗族）、张金文（哈尼族）、陈青（苗族）、陈琴（苗族）、杨曲强、罗富花（傈僳族）、罗文珍（僮家人）、须秋洁、曹建平（摩梭人）、杨锡莲（纳西族）、杨松海（白族）、曾祥慧（苗族）、蓝焰（畲族）、潘瑶（水族）、蓝岗、郑亿兰。

衷心感谢我院姚琛、冯荟、戚孟勇、严昉、贺华洲等老师不辞劳苦，在酷暑和严寒中与我一起赴宁蒗彝族、永宁摩梭人、凯里苗族、三都水族、黔南州布依族、景宁畲族等民族所在地调研。

　　感谢我的研究生调研组团队，他们不仅经受住了各种生活中的考验，还带回来很多宝贵的一手资料。因为需要调查的民族多且所在地区分散，我无法与每一组同行，即使担心也只能放手。他们 2～3 人一组，分头行动，时刻保持与我的联系。他们不仅要在出发前做足功课，随时做好应对各地区不可预知的防疫要求的准备，还要适应与以往完全不同的少数民族风俗习惯、简陋的生活条件，管理复杂的交通行程和时间，更主要的是他们必须学会独立处理各种陌生场合下的突发事件，学会与各类人交流沟通。对他们来说，调研远没有想象中下乡采风的浪漫，更多的是穷于应对的各种不适。事实表明，他们是敢于接受挑战，能吃苦耐劳，经得起各种考验的新时代学子。在非常时期，他们圆满完成了调研预期任务。在欣慰之余，我要对他们表达真心的感谢和祝福，也希望他们经过磨砺，在自己的学业和学术研究上取得更大成绩。

　　参与西南地区少数民族服饰文化调查的研究生团队成员有刘玉莹（巍山彝族、宾川傈僳族）、赵清瑶（屯堡汉族）、姚颖（畲族）、王佳敏（纳西摩梭人）、赵佳璐（普米族）、夏林翯（哈尼族）、童慧琳（基诺族）、周慧（白族）、卢文昕（侗族）、赵娅丽（傣族）、刘雅婷（水族）、王雨萍（涧水彝族）、徐迎（文山苗族）、刘田田（布依族、僮家人）、袁妍（僮家人）、张粤湘（湘西苗族、瑶族）、林儒凡 / 周羽菲（摩梭人）。

　　在此还要感谢让本书顺利问世的浙江大学出版社编辑包灵灵女士和她的编辑团队，他们以极其专业的编辑能力和热情敬业的工作责任心，对本书进行了精美的图文设计和严谨的文字审校，使本书锦上添花，完美画上句号。

　　感谢我的夫人，她是我工作事业的最大支持者和后勤保障者。3 年来我大部分假期都是去各地的民族地区调研，收集资料，夫人从未有过怨言。她不仅把家打理得井井有条，免除我的家务之役，还帮我处理车票预订和差旅票据整理等琐碎烦事，让我可以全身心投入教学科研中。今天我所有取得的成绩，一半应该归属我的夫人。

　　以此向所有关爱、支持和帮助过我们的有名或无名人士致敬！

2024 年 3 月 1 日记于龙湖香醍溪岸寒香馆